Ein Buch aus der Reihe

Management konkret

management-konkret.de

Bernd Lieber

Führen durch Kommunikation

Personalführung konkret

UVK Verlagsgesellschaft mbH
Konstanz und München

Dr. Bernd Lieber war bis zu seiner Pensionierung 2011 Professor für Personalführung an der Hochschule Coburg

Bibliografische Information der Deutschen Bibliothek
Die Deutsche Bibliothek verzeichnet diese Publikation in der Deutschen Nationalbibliografie; detaillierte bibliografische Daten sind im Internet über <http://dnb.ddb.de> abrufbar.

ISBN 978-3-86764-547-8

Einbandgestaltung: Susanne Fuellhaas, Konstanz
Einbandmotiv: iStockphoto.com, Joshua Blake

UVK Verlagsgesellschaft mbH
Schützenstraße 24 · 78462 Konstanz
Tel. 07531-9053-0 · Fax 07531-9053-98
www.uvk.de

Inhalt

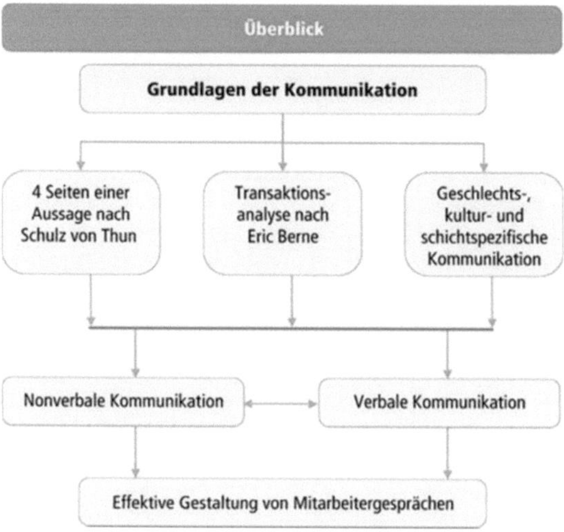

Abb. 1 Übersicht über „Führungskommunikation“

1 Grundlagen der Kommunikation

Führen und Motivieren erfolgt in hohem Maße durch Kommunikation. Empirische Beobachtungen haben immer wieder belegt, dass ein hoher Anteil der täglichen Arbeitszeit von Vorgesetzten (im Mittel deutlich über 50%) mit Kommunikation verbracht wird.

Kommunikation soll hier als Prozess des Austauschs von Meinungen, Bedeutungen, Ideen und Vorstellungen sowie Gefühlen zwischen mindestens zwei Personen verstanden werden.

Ausgangspunkt der Kommunikation ist eine Idee oder Empfindung, die eine Person A (Sender) einer anderen Person B oder mehreren Personen (Empfänger) mitteilen möchte. Diese Idee muss der Sender in eine Form bringen, die der Empfänger wahrnehmen und richtig interpretieren kann, d. h. sie wieder entschlüsseln oder dekodieren kann.

Dazu werden üblicherweise sprachliche Mittel, die verbale Kommunikation, oder aber nichtsprachliche Mittel (nonverbale Kommunikation), wie die Körpersprache, genutzt. Es ist jedoch wichtig, dass die Botschaft (die Mitteilung) nicht die originale Vorstellung oder Idee ist, sondern nur eine Symbolisierung dieser Idee durch sprachliche oder z.B. körpersprachliche Mittel. Die Idee oder Vorstellung existiert nur im Denken und Fühlen der Person A. A muss nun versuchen, die Worte oder die körpersprachlichen Signale zu finden, die bei B das gleiche Empfinden oder das Entstehen der gleichen Idee wie bei A bewirken.

Sprachliche Mitteilungen, z.B. als ein Kommunikationsmittel, werden mittels Kommunikationskanälen übermittelt. Dies können beim persönlichen Gespräch die Schallwellen sein, es kann sich aber auch z.B. um Schriftstücke handeln. Die Person muss ihre Sprachabsichten klar und laut genug aussprechen oder ihre körpersprachlichen Signale genügend deutlich ausdrücken, dass die Person B diese wahrnehmen, d. h. hören, sehen oder z. B. auch riechen kann. Die Nutzung des Kommunikationskanals Geruch kann unbewusst oder bewusst, z.B. durch den Einsatz von Parfüm, erfolgen. Dieser Prozess kann sowohl durch äußere Umstände, z.B. Lärm, oder durch Mängel der Person A, z.B. beim Sprechen, oder der Person B, z.B. durch Gehörprobleme, gestört werden.

Aber selbst wenn diese Probleme nicht gegeben sind, kommt es zum Gelingen der Kommunikation darauf an, wie die Person B die Worte oder Körpersignale deutet und interpretiert und ob sie daraufhin die Idee oder Empfindung entwickelt, wie von A beabsichtigt.

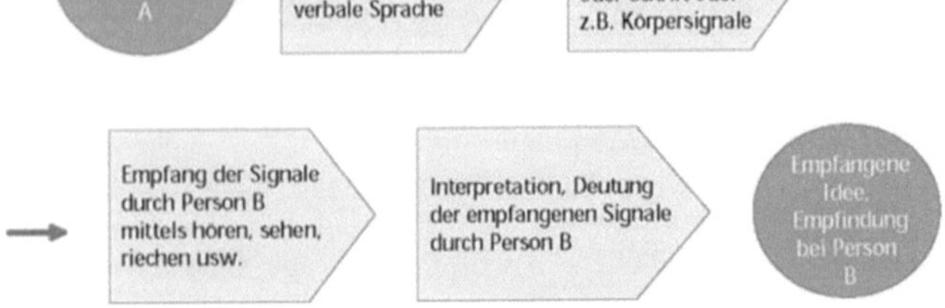

Abb. 2 Schematische Darstellung des Kommunikationsprozesses

Wenn der Empfänger auf die Mitteilung reagiert (Feedback oder Rückmeldung oder Antwort), dann findet der gleiche Prozess in umgekehrter Richtung statt.

Eine große Schwierigkeit ist jedoch, dass bei natürlichen Sprachen und bei der nonverbalen Kommunikation, z.B. bestimmten Handbewegungen, keine eindeutige Zuordnung von Zeichen und Bedeutung besteht. Das heißt, ob die Kommunikation, ausgedrückt durch bestimmte Handbewegungen, erfolgreich ist, hängt davon ab, dass sie vom Empfänger wahrgenommen und richtig gedeutet und interpretiert wird. Anders ausgedrückt:

> „Über die Wirkung oder den Erfolg von Kommunikation entscheidet der Empfänger der Kommunikation."

Diese Aussage drückt aus, dass es nach der Übertragung der Nachricht zum Empfänger von dessen psychologischer Struktur, Wissen und Willen abhängt, ob die Nachricht nach ihrer Aufnahme durch die Sinne des Empfängers bei ihrer Entschlüsselung dieselbe Idee oder Vorstellung hervorruft, wie sie der Sender beim Empfänger bewirken wollte (**Kommunikationsabsicht oder -intention**). Jede Person bringt in die aktuelle Kommunikation ihr Wissen und ihre Kommunikationserfahrungen mit ein und kommuniziert mit anderen auf dieser Grundlage.

Um erfolgreich zu kommunizieren, müssen die Kommunikationsteilnehmer erkennen, in welchem thematischen Zusammenhang die Kommunikation stattfindet und die in einer bestimmten Situation von bestimmten Partnern erwarteten Beiträge richtig einschätzen (Fairhurst/Sarr (1996)).

Ein anschauliches Beispiel für die Bedeutung des Wissens über den Anderen als Basis für erfolgreiche Kommunikation bietet der Austausch von Telegrammen zwischen dem französischen Autor Victor Hugo und seinem Verleger im 19. Jahrhundert. Nach dem Schreiben eines Romans war Victor Hugo in den Urlaub gefahren. Um zu erfahren, ob der Roman gut vom Publikum aufgenommen wurde, schickte er seinem Verleger ein Telegramm nur mit dem folgendem Inhalt: „?". Der Verleger antwortete mit einem Telegramm mit dem Inhalt „!".

Die vielfältigen Bedingungen der Kommunikation zeigen, dass sie immer aus der jeweiligen biografischen und sozialen Situation, dem Wissen und den Lebenserfahrungen der Kommunikationsteilnehmer heraus zu bewerten ist. Die Kommunikation kann in vielfältiger Weise gestört werden. Es kann sich dabei um Geräusche handelt, die ein Gespräch stören. Es kann sich aber auch um Verhaltensweisen eines Kommunikationspartners handeln, die die Gesprächsbereitschaft des Anderen verringern oder beenden.

Beispiel: Der eine Gesprächspartner beleidigt den Anderen oder schreit ihn an.

Mit diesen Erläuterungen soll verdeutlicht werden, dass es sich bei Kommunikation um einen vielschichtigen Prozess handelt, bei dem es darum geht,

- aus der Vielzahl von Reizen, die relevanten Reize zu erkennen
- diese Reize als Informationen, als Mitteilungen wahrzunehmen und richtig zu interpretieren
- selbst die Reize auszusenden, die vom anderen so wahrgenommen und interpretiert werden, wie wir es beabsichtigt haben
- um dies überprüfen zu können, ist es wiederum erforderlich, die Reize des anderen richtig wahrzunehmen und zu interpretieren.

Kommunikation wäre dann perfekt, wenn die Vorstellung oder das Gefühl des Senders in absolut gleicher Weise als gedankliches Bild und Empfindung beim Empfänger entstehen würde. Aufgrund der sehr vielfältigen individuellen Vorstellungswelten und Gefühle kann man unterstellen, dass eine perfekte Kommunikation nicht möglich ist. Die Hindernisse für eine „perfekte“ Kommunikation sind in der folgenden Aussage zusammengefasst.

Gemeint ist nicht gesagt
Gesagt ist nicht gehört
Gehört ist nicht verstanden
Verstanden ist nicht einverstanden
(Autor unbekannt)

Abb. 3 Missverständnisse bei der Kommunikation

In diesem Kapitel wird über Kommunikation kommuniziert. Dies bezeichnet man als **Metakommunikation: die Kommunikation über die Kommunikation**.

Das heutige Verständnis von Kommunikation in der Betriebswirtschaft wird im wesentlichen durch die Kommunikationsmodelle von Schulz von Thun und von Berne geprägt.

2 Die vier Seiten einer Aussage nach Schulz von Thun

Schulz von Thun unterscheidet vier Ebenen oder Seiten einer Aussage (Schulz von Thun u.a. 2005, S. 33 ff.). *Beispiel: Ein Vorgesetzter, Herr Meier, sitzt in einem Besprechungsraum bei weit geöffnetem Fenster mit einem Mitarbeiter zusammen. Der Vorgesetzte sagt: „Hier ist es zu frisch" und sagt dann nichts weiter.*

Bereits bei dieser einfachen Aussage kann man vier wichtige Aspekte einer Aussage feststellen.

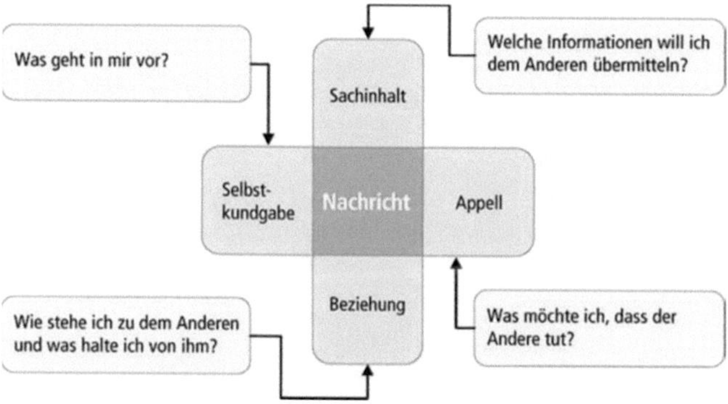

Abb. 4 Vier Seiten einer Nachricht

Die Tatsachenseite oder der Sachinhalt der Aussage

Auf den ersten Blick nur eine sachliche Information, die eventuell mit den Tatsachen übereinstimmen kann oder auch nicht (Tatsachenaussage oder genauer eine **Tatsachenbehauptung bzw. ein Inhaltsaspekt**).

Selbstkundgabe

Bereits die Wortwahl drückt einen weiteren wichtigen Aspekt aus.

Beispiel:Die Raumtemperatur könnte vom Vorgesetzten als angenehm oder unangenehm empfunden werden. Mit der Wahl des Wortes „zu frisch" drückt er aus, dass er die Temperatur als unangenehm empfindet. Der Ausdruck des Unbehagens könnte auch durch nonverbale Kommunikation erfolgen, indem der Vorgesetzte z.B. seine Arme „wärmend" um seinen Körper legt.

Die Aussage gibt somit auch Auskunft darüber, wie er sich fühlt (**Selbstoffenbarung, Ausdruck der jeweiligen Befindlichkeit**).

Appell

Mit der Aussage „*zu frisch*" ist noch ein weiterer Aspekt verbunden.

Beispiel:Es könnte sich um die Aufforderung an den Mitarbeiter handeln, das Fenster zu schließen (**Lenkung oder Appell, Aufforderung**). *Es könnte sich aber auch um eine Aufforderung handeln, das Handeln des Vorgesetzten zu verstehen, der, nachdem er dies gesagt hat, aufsteht und das Fenster schließt. Auch dabei erfolgt eine Lenkung.*

Der Beziehungsaspekt

Es könnte auch sein, dass der Vorgesetzte mit seiner Aussage „Hier ist es zu frisch!" gegenüber dem Mitarbeiter nur klarstellen will, „wer Herr im Haus ist", wer darüber entscheidet, wie kalt oder warm es in dem Raum ist.

Das Wort TALK als Gedächtnisstütze für die 4-Seiten einer Nachricht

T atsachenaussage oder auch die Sachinformation
A usdruck oder Selbstoffenbarungsaspekt
L enkung oder Appellaspekt
K ontakt oder Beziehungsaspekt

Abb. 5 TALK-Modell (vgl. zum TALK-Modell Neuberger 1991)

In einer Aussage lassen sich im Regelfall all diese Aspekte wiederfinden, die jedoch nicht in jeder Aussage gleichgewichtig sind.

Für den Ablauf der Kommunikation ist es jedoch wichtiger, wie der Andere die Nachricht empfängt, mit welchem „Ohr" er die Nachricht wahrnimmt. Der Empfänger kann für sich selbst entscheiden, mit welchem Ohr er die Nachricht empfangen will.

Abb. 6 Das 4-Ohren-Modell

Je nachdem, wie der Empfänger die Nachricht aufnimmt, wird sein weiteres Verhalten und damit auch die Beziehung zwischen Sender und Empfänger beeinflusst.

Von besonderer Bedeutung ist bei der Führung die Beziehungsebene:

„Beziehungsebene geht vor Sachebene".

Kommunikation ist vor allem Gestaltung und Beeinflussung der wechselseitigen Beziehungen.

Beispiel: Wenn ein Beifahrer zum Fahrer sagt, dass die Ampel grün ist, dann handelt es sich um eine Aussage über einen Sachzustand. Sie drückt aber auch etwas über die Beziehungen zwischen den beiden Gesprächspartnern aus. Sie kann ausdrücken, dass der Beifahrer die Fahrkunst oder Aufmerksamkeit des Fahrers nicht hoch einschätzt. Sie kann aber auch als Hilfe gedacht sein, weil der Fahrer die Ampel aufgrund eines anderen Autos nicht sehen kann. In diesem Fall stellt sie keine Abwertung der Fahrkunst des Fahrers dar. Aus diesem Beispiel wird auch deutlich, dass die Beziehungsebene den Vorrang hat, dass der Beziehungsebene eine größere Bedeutung als der Inhaltsebene zukommt.

Beispiel: Wenn der Fahrer in der Aussage des Beifahrers keine Abwertung seiner Person oder seines Fahrkönnens wahrnimmt, dann wird er die Aussage als eine Hilfe ohne Probleme annehmen können, während es im anderen Fall sehr leicht zu einem Konflikt kommen kann, wenn der Fahrer sich durch diese Aussage in seinem Selbstwertgefühl beeinträchtigt fühlt.

Die Beziehungsebene, die Gefühle, Stimmungen und Empfindungen zum Gesprächspartner bestimmen die Qualität der inhaltlich-sachlichen Kommunikation: Dabei ist auffällig, dass Beziehungen verhältnismäßig selten bewusst definiert werden. Während die Sachebene häufig sehr klar ist, bleibt die Beziehungsebene oft versteckt. Ein gutes Bild, um dies zu verdeutlichen, ist ein Eisberg.

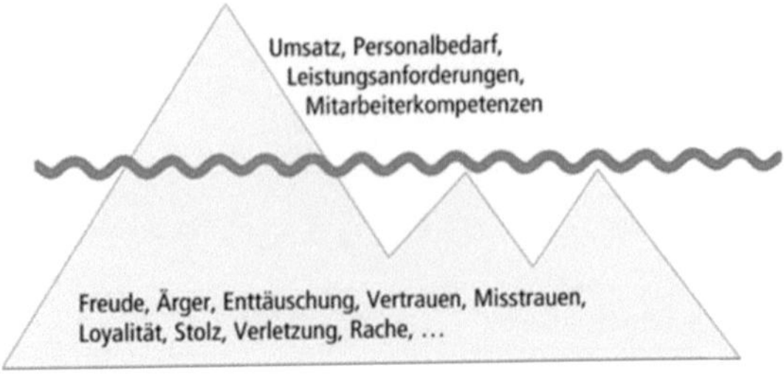

Abb. 7 Sach- und Beziehungsebene: Das Eisbergmodell

Sichtbar ist ein Siebtel des Eisbergs, das über dem Wasser schwimmt. Nicht sichtbar – aber gerade deswegen oft viel gefährlicher – sind die anderen sechs Siebtel unter Wasser. Das Gleiche gilt für die Kommunikation. Besonders schwierig ist dabei auch, dass die Beziehungsbotschaften häufig in Sachbotschaften codiert sind (*„Wie kommen Sie denn auf die Idee?"*) und häufig nur aufgrund der Betonung feststellbar ist, ob es sich um ein Lob oder um eine Kritik handelt.

3 Die Transaktionsanalyse nach Eric Berne

Die Transaktionsanalyse nach Berne ist eine auf der Basis der Psychoanalyse von Freud entwickelte Verbindung von Kommunikations- und Persönlichkeitstheorie, mit deren Hilfe die Ursache von Problemen in der Kommunikation und im Zusammenleben mit Anderen untersucht, Ursachen für diese Probleme entdeckt und Lösungsansätze entwickelt werden sollen.

Im Mittelpunkt der Transaktionsanalyse stehen die Strukturanalyse und die Analyse der Transaktionen.

3.1 Die Strukturanalyse: Persönlichkeits- oder Bewusstseinszustände

Nach Berne (Berne 1984, S. 25 ff.) gibt es grundlegende Persönlichkeitsbereiche oder -zustände, die unser Denken, Fühlen oder Handeln beeinflussen. Diese Persönlichkeitszustände bezeichnet er als „Ich-Zustände":

Eltern-Ich

Das Eltern-Ich besteht aus den Wertvorstellungen, Normen, Gesetzen oder Verhaltensregeln und Prinzipien, die wir uns als Richtschnur für unser Denken und Handeln im Rahmen der Erziehung und während unserer persönlichen Entwicklung angeeignet haben. Das Eltern-Ich kann sich ausprägen als **kritisches** Eltern-Ich oder als **stützendes**, **fürsorgliches** Eltern-Ich.

- Das **kritische, steuernde oder kontrollierende Eltern-Ich** wertet, stellt moralische Anforderungen, weist zurecht, kontrolliert und sorgt für Ordnung. Sprachliche Merkmale für kritisches Eltern-Ich sind Verben wie „müssen", „sollen", „immer", „nie" und „nein". Typische körpersprachliche Signale dafür, dass sich jemand im kritischen Eltern-Ich-Zustand befindet, sind zusammengezogene Augenbrauen, Stirnrunzeln oder Kopfschütteln.

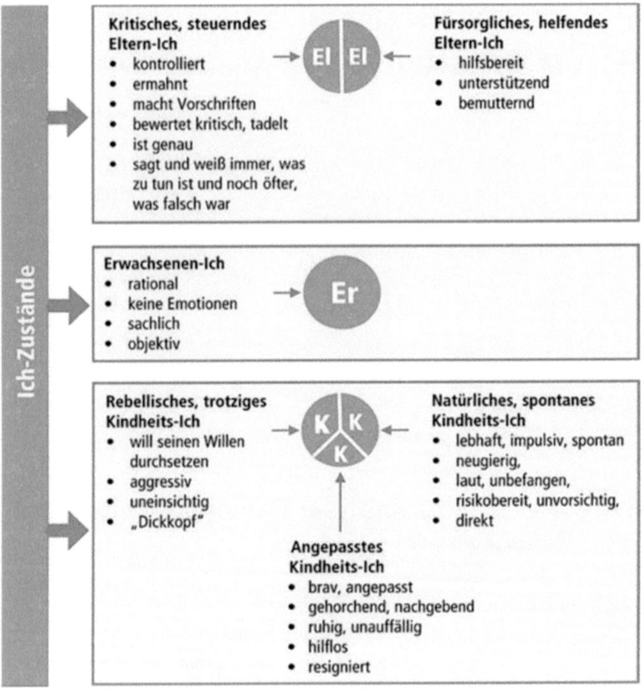

Abb. 8 Bewusstseinsebenen (Ich-Zustände) im Rahmen der Transaktionsanalyse

- Das **fürsorgliche Eltern-Ich** zeigt sich darin, dass jemand zuhört, Verständnis zeigt, tröstet, aufbaut, pflegt und unterstützt. Die Stimme ist warm und eher ruhig.

Erwachsenen-Ich

Das Erwachsenen-Ich ist sachlich, neutral und nicht emotional. Es beobacht objektiv, sammelt Informationen, z.B. durch den Einsatz offener Fragen, und zieht logische Schlüsse. Die Stimme ist sachlich und klar. Mimik und Gesten sind ruhig und ausgeglichen.

Kindheits-Ich

Das Kindheits-Ich enthält Gefühle und Wünsche. Dieser Ich-Zustand kann sich zeigen entweder als natürliches – spontanes, als angepasstes oder als rebellisches Kindheits-Ich.

- Das **natürliche Kindheits-Ich** freut und ärgert sich, ist spontan, unberechenbar, weint und lacht und kümmert sich nicht um andere. Typische Worte sind „irrsinnig“, „wahnsinnig“, „riesig“.
- Das **angepasste Kindheits-Ich** gehorcht, möchte nicht auffallen, ist sehr höflich, richtet sich nach den Anderen, fühlt sich oft schuldig.
- Das **rebellische Kindheits-Ich** ist trotzig, rebelliert gegen Vorschriften und Ermahnungen und will seinen Willen durchsetzten.

Diese Ich-Zustände sind trotz ihrer Bezeichnung nicht an bestimmte Altersgruppen gekoppelt. Unabhängig von unserem Alter oder Familienstand befinden wir uns immer in einem dieser drei „Ich-Zustände“.

Alle drei Ich-Zustände gehören zu einem „normalen“ Leben. Jeder Mensch hat eine Tendenz, sich vorwiegend in einem oder zweien der drei bzw. genauer der sechs Zustände zu befinden. Problematisch kann es jedoch sein, wenn das Gleichgewicht zwischen diesen Persönlichkeitszuständen sehr unausgewogen ist.

3.2 Analyse von Transaktionen

Wenn zwei Menschen sich durch Worte oder Körpersignale ansprechen, dann handelt es sich nach der Transaktionsanalyse um eine **Transaktion** (Berne 1984, S. 31 ff.). Jeder der Beteiligten führt diese Transaktion aus einem bestimmten Ich-Zustand heraus und er richtet seine Transaktion an einen Ich-Zustand der anderen Person.

Komplementäre (oder parallele) Transaktion

Bei **komplementären Transaktionen** akzeptieren beide Gesprächspartner die Bewusstseinszustände, in denen sie der

Andere anspricht. Es gibt deswegen keine Konflikte zwischen diesen beiden Personen.

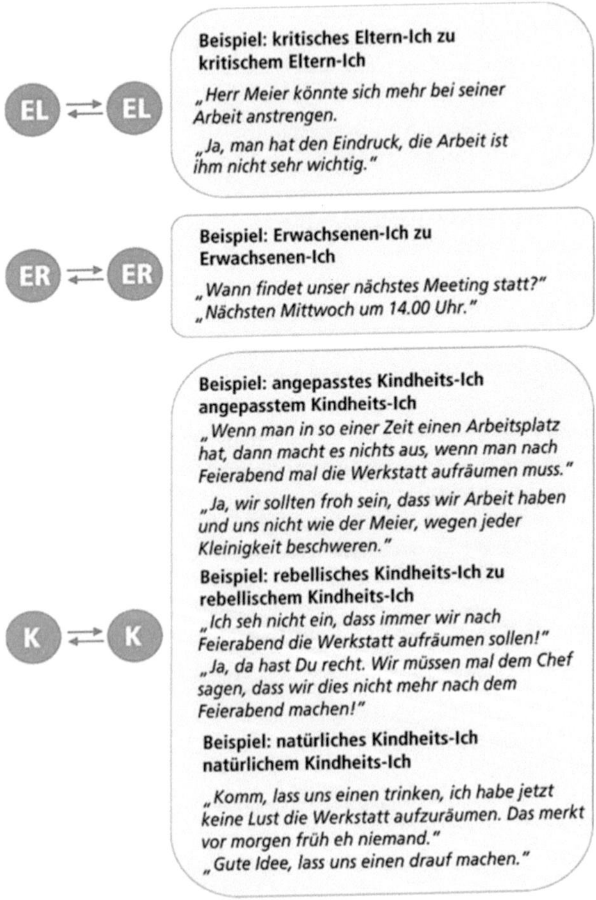

Abb. 9 Formen komplementärer Transaktionen aus gleichen Ich-Zuständen

Komplementäre Transaktionen finden statt, wenn sich die beiden Gesprächspartner in gleichen Ich-Zuständen oder auch in unterschiedlichen Ich-Zuständen befinden.

Komplementäre Transaktionen können auch stattfinden, wenn sich die Gesprächspartner in unterschiedlichen Gesprächszuständen befinden, so lange der Angesprochene aus dem Zustand reagiert, in dem er vom anderen angesprochen wird. Auch hierbei ist beim Eltern-Ich und beim Kindheits-Ich auf die spezifische Ausprägung zu achten.

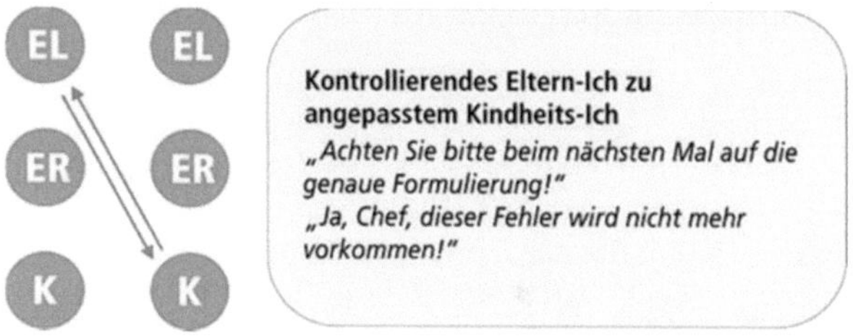

Abb. 10 Beispiel für komplementäre Transaktionen aus unterschiedlichen Ich-Zuständen

Nichtkomplementäre („gekreuzte") Transaktionen

> **Nichtkomplementäre Transaktionen** entstehen, wenn der Gesprächspartner aus einem anderen als dem angesprochenen Ich-Zustand reagiert.

Dies bedeutet, dass der reagierende Gesprächspartner nicht akzeptiert, aus welchem Ich-Zustand der Andere ihn in einem bestimmten Ich-Zustand anspricht. Dies kann zu Kommunikationsstörungen und zu Konflikten führen. Viele Konflikte des Führungsalltags, insbesondere grundlegende Spannungen zwischen Personen, lassen sich auf nichtkomplementäre Transaktionen zurückführen.

Ein Konflikt kann sich anbahnen, wenn z.B. der Vorgesetzte diesen ihm nun von dem Mitarbeiter zugewiesenen Zustand des stützenden Eltern-Ichs nicht akzeptiert und von dem Mitarbeiter eine Analyse des Problems auf sachlicher Basis fordert.

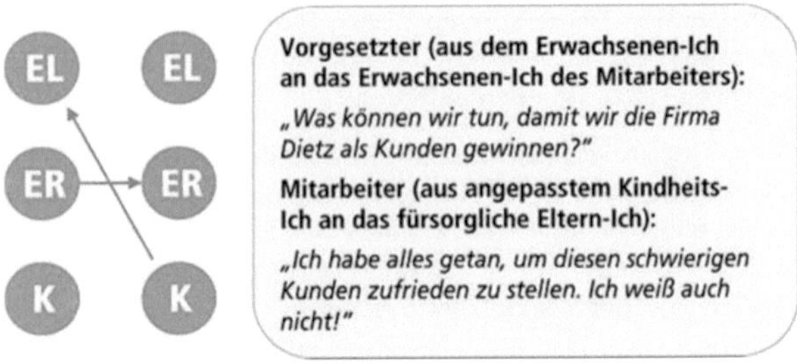

Abb. 11 Beispiel für nichtkomplementäre Transaktionen

Da es bei der optischen Darstellung zu einer Kreuzung der Transaktionen kommt, wie oben symbolisiert durch die beiden Pfeile, bezeichnet man dies häufig als ge- oder überkreuzte Transaktionen. Dies kann jedoch irreführend sein. Bei einer Transaktion aus dem rebellischen Kindheits-Ich gegen das kritische Eltern-Ich führt dies visuell nicht zu einer Kreuzung. Es handelt sich jedoch häufig um eine inkomplementäre Transaktion.

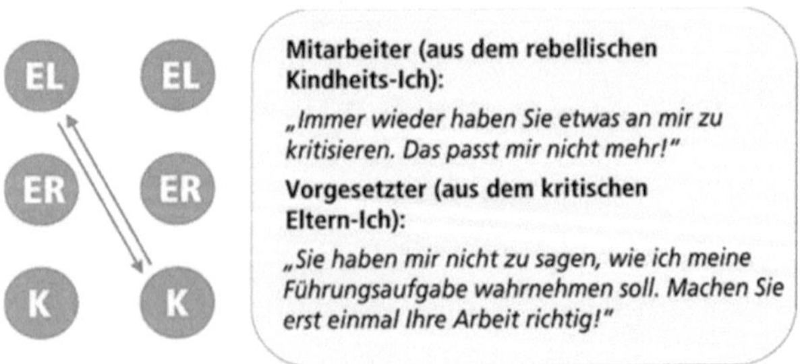

Abb. 12 Beispiel für nichtkomplementäre Transaktionen ohne visuelle Überkreuzung

Eine Chance, das Konfliktpotenzial von nichtkomplementären Transaktionen zu mindern, besteht darin, aus dem Erwachsenen-Ich das Erwachsenen-Ich des Gesprächspartners anzusprechen (produktiv nichtkomplementäre oder gekreuzte Transaktion).

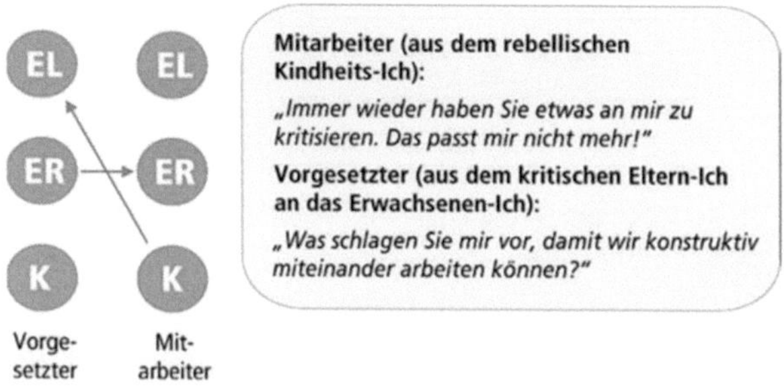

Abb. 13 Beispiel für eine produktiv nichtkomplementäre oder gekreuzte Transaktion

Verdeckte oder Duplex-Transaktionen

> Bei **verdeckter Transaktion** unterscheidet sich das, was gesagt wird von dem, was tatsächlich gemeint ist.

Verdeckte Transaktionen werden häufig auch als

- ironische Aussagen,
- versteckte Drohungen
- Unterstellungen oder
- Beleidigungen genutzt.

Sie sind auch Beispiele dafür, dass sich die Sachebene, das was dem Wortlaut nach gesagt, und das, was tatsächlich gemeint ist, sehr unterscheiden können. Verdeckte Transaktionen führen deshalb schnell zu Irritationen und Verstimmungen. Sie können ferner dazu führen, dass nicht mehr eine offene, vertrauensvolle Kommunikation geführt werden kann, da jeder der Gesprächspartner in den Aussagen des anderen nach versteckten Unterstellungen und Gemeinheiten sucht. Aufgrund des hierarchischen Verhältnisses zwischen Mitarbeiter und Führungskraft kann dies häufig zu besonderen Problemen führen, da Mitarbeiter in der Regel nicht genau so kommunizieren „dürfen" wie die Führungskraft. Deshalb sollten Führungskräfte sehr sorgfältig sein, wenn sie verdeckte Transaktionen ausführen.

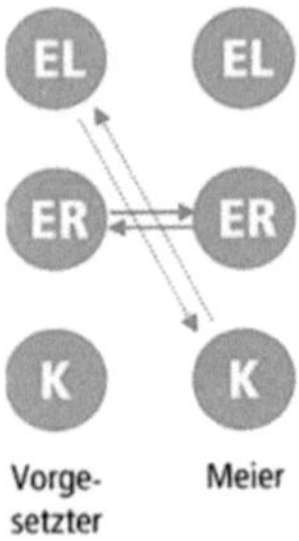

Vorgesetzter (dem Wortlaut nach aus dem Erwachsenen-Ich an das Erwachsenen-Ich seines Mitarbeiters):

„Werden Sie bis morgen den Bericht fertig gestellt haben?"

Verdeckte Ebene (aus dem kritischen Eltern-Ich):

„Der Meier ist nicht zuverlässig, den muss man immer wieder daran erinnern, dass er seine Aufgaben rechtzeitig macht."

Meier (dem Wortlaut nach aus dem Erwachsenen-Ich):

„Ich werde meinen Termin einhalten."

Es kann sein, dass Meier dies auch so meint. Es kann aber auch sein, dass Meier die verdeckte Transaktion erkennt und sich gegen diese aus seiner Sicht Bevormundung wehrt und auch verdeckt agiert: Meier (dem Wortlaut nach aus dem Erwachsenen-Ich):

„Selbstverständlich werde ich morgen den Bericht fertig haben."

Abb. 14 Beispiel für verdeckte Transaktionen

Verdeckte Transaktionen produktiv durchbrechen

- Zu einer direkten Botschaft auffordern. Beispiel: *„Was möchten Sie mir damit wirklich sagen?"*
- Darauf hinweisen, dass es sich dabei um eine verdeckte Transaktion handelt und anschließend eine Rückmeldung geben, wie man sich bei solch einer Kommunikation fühlt.
- Die verdeckte Ebene einfach ignorieren, den anderen beim Wort nehmen. Damit vermeidet man, dass man sich an die verdeckte Kommunikation des Anderen anpasst und ihn damit in seinem Kommunikationsstil bestätigt. Diese Reaktion kann oft den Anderen, der verdeckt kommuniziert hat, sehr irritieren.
- Falls der Andere weiterhin im Gespräch mit verdeckten Transaktionen arbeitet, kann es erforderlich sein, nach dem Hinweis auf die verdeckten Transaktionen, das Gespräch abzubrechen. Es handelt sich dabei um eine Form der Metakommunikation: Die Kommunikation über die Kommunikation.

Abb. 15 Tipps zum produktiven Umgang mit verdeckten Transaktionen

4 Geschlechts-, kultur- und schichtspezifische Kommunikation sowie elektronische Kommunikation

Das Kommunikationsverhalten ist individuell bestimmt. Es gibt jedoch Unterschiede im Kommunikationsverhalten aufgrund des Geschlechtes oder der Zugehörigkeit zu einer bestimmten National- und Sprachkultur oder zu einer bestimmten sozialen Schicht sowie aufgrund weiterer Merkmale, wie z.B. des Alters (z.B. die so genannte „Jugendsprache"). Für das Verständnis des Kommunikationsverhaltens bei der Führung von Mitgliedern dieser Gruppen sind diese Besonderheiten zu beachten.

Geschlechtsspezifische Kommunikation

Insbesondere Deborah Tannen hat sich intensiv mit dem unterschiedlichen Kommunikationsverhalten von Frauen und Männern beschäftigt. Nach ihren Untersuchungen (Tannen 1991) kann man unter anderem folgende unterschiedliche Tendenzen feststellen:

- Frauen überprüfen in Gesprächen eher als Männer, ob die Beziehung intakt ist. Sie wollen Nähe und gutes Verständnis.
- Männer legen Wert auf Unabhängigkeit und Status. Sie überprüfen deshalb bei Gesprächen häufiger als Frauen, ob der Status zwischen den Gesprächspartnern ihren Vorstellungen entspricht.
- Im Regelfall stellen Männer seltener als Frauen Fragen, denn ihrer Ansicht nach beweist das Stellen von Fragen Unwissenheit und mangelnde Kompetenz. Frauen hingegen sehen Fragen als Ausdruck von Interesse, Anteilnahme und Neugier in Bezug auf die andere Person.

Frauen verhandeln anders als Männer. Ausgehend vom Streben nach Unabhängigkeit neigen Männer dazu, ihre persönlichen Präferenzen zu formulieren, für sich bestimmte Ressourcen zu fordern und dem anderen bestimmte Ressourcen im Gegenzug zuzugestehen: „Ich will A und Sie bekommen B". Aufgrund ihrer Betonung von Gemeinsamkeit und Nähe tendieren Frauen dazu, zunächst gemeinsam das Verhandlungsthema zu besprechen, herauszufinden, was der Andere möchte, um dann eine einvernehmliche Lösung zu finden.

Kulturspezifische Unterschiede nach Hall

Das Kommunikationsverhalten wird auch durch die Zugehörigkeit zu einem bestimmten Kulturkreis oder Sprachgemeinschaft geprägt.

Hall hat auf einen wichtigen Unterschied hingewiesen (Hall 1981): Inwieweit wird bei einer Kommunikation alles explizit genannt („**low context cultures**") oder müssen bestimmte Informationen über den Kontext erschlossen werden („**high context cultures**").

Beispiel: In Japan – als einem Land mit einer high context culture – gilt es als unfein, ein klares Nein auszusprechen. Deshalb wird oft Ja gesagt. Der Gesprächspartner muss aus der Art und Weise des Ja-Sagens erschließen, ob es sich um ein Ja, ein Nein oder ein Vielleicht handelt. Manchmal ist das Nicht-Gesagte sogar wichtiger als das Gesagte.

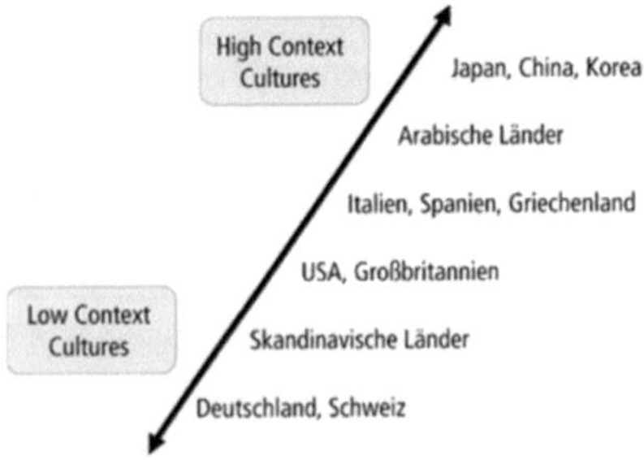

Abb. 16 High and Low Context Cultures

Schichtspezifische Unterschiede

Zwischen den verschiedenen Schichten einer Gesellschaft lassen sich unterschiedliche Kommunikationsweisen feststellen. So kommunizieren Mitglieder der Mittelschicht, z.B. Selbstständige, Angestellte mit abgeschlossener Hochschulausbildung, mit einem größeren Wortschatz, benutzen öfter Fremdworte, drücken sich „gewählter" aus als Mitglieder der sogenannten Unterschicht, z.B. Personen ohne Schulabschluss oder ohne Berufsausbildung.

Elektronische Führungskommunikation

Der Einsatz von Medien der elektronischen Kommunikation, wie Email oder SMS, ist auch bei der Führung sehr verbreitet und bei der Führung von so genannten virtuellen Arbeitsgruppen das vorherrschende Medium der Kommunikation.

5 Nonverbale Kommunikation

Im Gegensatz zur verbalen Kommunikation bezieht sich die nonverbale Kommunikation auf das Übertragen von Nachrichten ohne den Gebrauch von Worten.

Sie umfasst nicht nur symbolisches nichtverbales Verhalten, sondern auch die Gegenstände, Ereignisse und die räumlichen sowie zeitlichen Variablen, die von kommunikativer Bedeutung sind. Die Erforschung der nonverbalen Kommunikation wurde vor allem von Ekman durchgeführt (Ekman/Friesen 1975).

Ein besonderes Gewicht in der nicht-sprachlichen Kommunikation kommt der **Körpersprache** zu, der eigentlichen Primärsprache des Menschen, da Botschaften nicht nur über das gesprochene Wort, sondern auch über Blicke, Mimik und Gestik gesendet und rückgemeldet werden.

Aber auch wie das gesprochene Wort aufgenommen wird, hängt von der Betonung, der Lautstärke und der Klangfarbe ab. Kunstpausen, unvollständige Sätze, Murmeln, besondere Betonung weisen häufig auf „Unausgesprochenes“ oder „Unaussprechliches“ hin. Ein vorwurfsvoller, schmollender oder weinerlicher Ton signalisiert Hilflosigkeit, Überforderung oder den Wunsch nach Zuwendung.

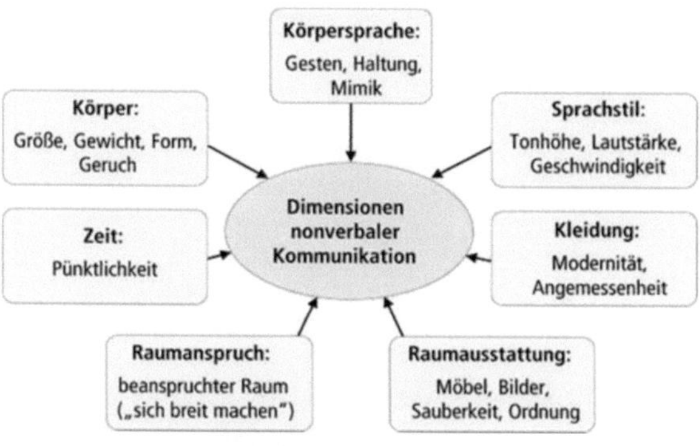

Abb. 17 Dimensionen nonverbaler Kommunikation

Nonverbale Verhaltensweisen können durchaus Sprache ersetzend sein.

- Sie stehen für verbale Mitteilungen, wie z.B. das Nicken, das ein Ja ersetzt.
- Sie können aber auch dazu dienen, die verbale Botschaft zu unterstützen, wie z.B. das Schlagen mit der Faust auf den Tisch, um die Bedeutung einer bestimmten Aussage zu verdeutlichen.
- Oder sie drücken die Beziehung zum Gesprächspartner aus, z.B. in der Art der körperlichen Zu- oder Abwendung zum Gesprächspartner.

Verbale und nonverbale Kommunikation können in folgender Weise miteinander verbunden sein:

- **Wiederholend**: Auf etwas zeigen, von dem man gerade spricht.
- **Ersetzend**: *Beispiel: Wenn ein Manager von einer Besprechung mit dem Vorgesetzten mit einer Miene zurückkommt, die jedem klarmacht, dass die Sitzung schrecklich war, ohne dass er ein Wort sagen muss.*
- **Ergänzend**: Durch Tonhöhe und Lautstärke die Bedeutung der verbalen Botschaft unterstreichen.
- **Widersprechend**: Z.B. vor einer Prüfung zu sagen, man sei nicht nervös, obwohl man ängstlich atmet und unruhig „herumzappelt“ (Inkongruenz von verbaler und nonverbaler Kommunikation).

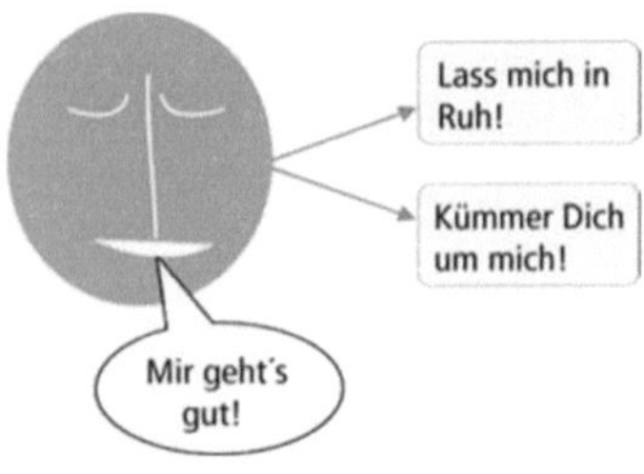

Abb. 18 Widerspruch (Inkongruenz) zwischen verbaler und nonverbaler Kommunikation

Beim Kommunikationsprozess bedeutet dies, dass Sender und Empfänger einer Botschaft demnach stets beide Sprachen, die verbale und nonverbale, sprechen bzw. aufnehmen müssen.xxxxxx

6 Verbale Kommunikation

Bei der verbalen Kommunikation handelt es sich um den Austausch von Mitteilungen oder Bedeutungen mittels Worte in geschriebener oder gesprochener Form.

- Gesprächshaltungen beschreiben die grundsätzliche Einstellung zum Gespräch und zum Gesprächspartner. Sie sind Ausprägungen der Beziehung zum Gesprächspartner und des Zweck, den man mit dem Gespräch verfolgt.

Verständigungsfördernde Gesprächshaltungen, wie z.B. Offenheit, Ehrlichkeit, Wertschätzung für den Anderen, und Gesprächstechniken unterstützen die Gesprächsbereitschaft des Gesprächspartners, da man sich dabei auf den Gesprächspartner konzentriert und ihm hilft, seine Gedanken und Gefühle zu klären und zu entwickeln.

- **Gesprächstechniken** sind einzelne spezielle sprachliche Mittel, wie z.B. die Fragetechnik.

Verständigungsfördernde Gesprächstechniken

Abb. 19 Beispiele für verständigungsfördernde Gesprächstechniken

Zuhören

Aufmerksames Zuhören drückt sich in einer Konzentration auf den Sprecher aus, z.B. durch angemessenen Blickkontakt (aber nicht „anstarren“), und das Vermeiden von Signalen, die als Desinteresse gewertet werden können, wie aus dem Fenster oder auf die Armbanduhr schauen.

Beim **aktiven Zuhören** zeigt man sein Interesse an den Ausführungen des Sprechers und bestärkt ihn, seine Vorstellungen zu erläutern. Dies geschieht durch das Zeigen von Aufmerksamkeit und Interesse (Blickkontakt, Nicken, Ausreden lassen) und durch aktivierende Techniken, wie zum Weitersprechen ermunternde Fragen („Können Sie mehr darüber sagen?").

Weitere Techniken des aktiven Zuhörens sind das Zusammenfassen der Aussagen des Sprechers mit eigenen Worten („Paraphrasieren") oder das Nachfragen, wenn man etwas nicht verstanden hat oder eine Aussage überprüfen will.

Rückmeldungen (Feedback)

> Rückmeldungen sind Mitteilungen an eine Person, wie sie und die Situation wahrgenommen, verstanden und erlebt werden. Die Person erfährt etwas über die Gefühle des Anderen.

Die Fähigkeit, Rückmeldungen geben und annehmen zu können, ist Ausdruck kommunikativer Kompetenz. Beim Aussprechen von Rückmeldungen sollte man dem Anderen mitteilen, wie man ihn erlebt, Sachverhalte beschreiben und Bewertungen vermeiden oder zumindest sehr vorsichtig bei Bewertungen sein.

Da es vielfach für die andere Person bequemer ist, keine Rückmeldung zu geben, sollte man es als Empfänger von Rückmeldungen positiv einschätzen, wenn jemand ein Feedback gibt. Die naheliegende Reaktion, sich zu rechtfertigen, sollte man nicht machen, sondern auswählen, was man für sich aus der Rückmeldung annehmen und wie man sein Verhalten entsprechend ändern will. Zum besseren Verständnis kann es angebracht sein nachzufragen.

Ich- und keine Du-Botschaften senden

Rückmeldungen in der Form von „Du-Botschaften" sind z.B. „Sie reden viel zu hoch für mich" oder „Du bist bzw. Sie sind unzuverlässig".

Es ist für den Charakter der Du-Botschaft nicht wichtig, ob sie in der Du- oder in der Sie-Form ausgesprochen wird. Diese Rückmeldungen sind vielfach verletzend und behindern die Kommunikation. Du-Botschaften provozieren Widerlegungs- oder Rechtfertigungsversuche oder führen dazu, dass der Änderungswille erlahmt. Kommunikationsfördernder sind „Ich-Botschaften".

Sie beschreiben, wie der Sprecher die Situation wahrnimmt und welche Gefühle sie bei ihm hervorruft.

Als subjektive Äußerungen sind sie weniger bedrohlich. Sie verurteilen nicht den Anderen, sondern teilen bloß mit, wie der Sprecher die Situation subjektiv erlebt: Ausgehend von der Beschreibung der wahrgenommenen Situation teilt der Sprecher mit, welche Gefühle diese Situation bei ihm hervorruft.

Beispiel: „In den vergangenen 10 Minuten habe ich mehrfach versucht, Ihnen meine Ansicht darzustellen. Sie haben mich nicht ausreden lassen. Dies ärgert mich sehr."

Selbstverantwortlich sprechen

Selbstverantwortlich sprechen ist die Grundlage für alle Gesprächsfertigkeiten: andere hören besser zu und können Botschaften leichter akzeptieren. Personen, die selbstverantwortlich sprechen, verwenden die „Ich-Form" anstelle der „Man-Form".

Beispiel: „Ich schlage vor..."Statt: „Man sollte..."

Damit wird vermieden, für andere zu sprechen bzw. sich hinter der Allgemeinheit zu verstecken.

Fragen

Fragen sind ein wichtiges Instrument, um Informationen zu erhalten und den anderen zu lenken oder auch um Zeit für eine Antwort zu gewinnen.

- **Offene Fragen** lassen einen weiten Raum für die Antwort zu. Da sie auf dem Einsatz der Fragewörter beruhen, die mit W beginnen (wer, wie, warum, wann), werden sie auch als **W-Fragen** bezeichnet. Offene Fragen sind vor allem sinnvoll, wenn man viele Informationen erhalten und dem Gesprächspartner die Richtung der Antwort nicht vorgeben will.

Abb. 20 Funktionen von Fragen

- **Geschlossene Fragen** lassen dem Antwortenden wenig Spielraum für die Antwort.
- Bei **Alternativfragen** (*Beispiel: „Wollen Sie Ihren Urlaub an der See oder in den Bergen machen?"*) bleiben dem Antwortenden, wenn er den Stil der Frage akzeptiert, nur zwei Antwortmöglichkeiten.
- Bei **Suggestivfragen** (*„Sie möchten doch beim Abschluss einer Kfz-Versicherung eine niedrige Prämie zahlen?"*) wird die gewünschte Antwort bereits in die Frage hineingelegt, die Antwort des Gesprächspartners wird in eine bestimmte Richtung gelenkt.
- **Kontrollfragen** (*„Wir sind uns also einig, dass Sie bei Ihrer Auswertung auch einen Soll-Ist-Vergleich vornehmen"*) dienen der Überprüfung, ob der Andere die Ausführungen auch wirklich verstanden hat.
- **Provokative Fragen** (*„Wollen oder können Sie die Aufgabe nicht durchführen?"*) sollen den Gesprächspartner zu bestimmten Verhaltensweisen reizen. Sie sprechen bestimmte Gefühle des Gesprächspartners an und können dadurch sehr häufig manipulativen Charakter haben.
- Mit **Gegenfragen** (*„Was verstehen Sie darunter?"*) kann man Zeit gewinnen, wenn man sich durch den Gesprächspartner bedrängt fühlt und wenn man wieder die Gesprächslenkung übernehmen will.

Wichtige Regeln zum effizienten Einsatz von Fragen sind:

- Nicht mehrere Fragen gleichzeitig stellen, da dies den Anderen verwirren kann und er häufig nur die Fragen beantwortet, auf die er leicht eine Antwort geben kann.
- Bei Fragen keine Vorausinformationen geben, die dem Antwortenden eine Antwort nahe legen. *Beispiel: „Bei der Stelle müssen Sie mit vielen Kunden sprechen. Fällt es Ihnen leicht, mit anderen Menschen in Kontakt zu kommen?"* beim Einstellungsinterview für einen Mitarbeiter mit viel Kundenkontakt.
- Falls der Andere nicht gleich antwortet, nicht sofort die nächste Frage stellen oder Erläuterungen zu der Frage geben, sondern dem Anderen Zeit zum Nachdenken gewähren.
- Fragen sollten nach der KISS-Formel („Keep it short and simple") gestellt werden.
- Beim Einsatz von Fragen empfiehlt sich häufig das Trichtermodell: Erst offene Fragen und dann evtl. geschlossene oder alternative Fragen stellen.

Verständigungshemmende Gesprächshaltungen und Gesprächstechniken

Abb. 21 Verständigungshemmende Gesprächstechniken

Verständigungshemmende Gesprächshaltungen sind z.B.: Dominieren, autoritär agieren, Angreifen, Fehlverhalten vorwerfen oder manipulieren, suggestiv beeinflussen. Sie drücken in der Regel aus, dass man den Gesprächspartner als nicht gleichwertig einschätzt.

Diese Gesprächshaltungen und Gesprächstechniken verringern oder beenden deshalb die Mitteilungsbereitschaft des Gesprächspartners und die Verständigung.

7 Grundlagen der effektiven Gestaltung von Mitarbeitergesprächen

Das Mitarbeitergespräch ist ein sehr wichtiges und nicht ersetzbares Instrument einer wirkungsvollen Mitarbeiterführung. Es handelt sich dabei um eine besondere Form der Kommunikation zwischen Führungskraft und Mitarbeiter, die über die alltägliche Kommunikation hinausgeht.

Mitarbeitergespräche weisen folgende Merkmale auf (Mentzel u.a. 2003, S. 13f.):

- Es handelt sich in der Regel um besonders wichtige Anlässe und Themen, wie die Vereinbarung von Jahreszielen oder Beurteilung der Jahresleistung von Mitarbeitern.
- Sie sind häufig institutionalisiert, d. h. sie finden regelmäßig zu geplanten Terminen statt oder nur ausnahmsweise ungeplant und unregelmäßig, wenn ein besonderer Anlass vorliegt. Vielfach gibt es auch formale Vorgaben zur Führung und zum Inhalt dieser Gespräche. Diese formalen Vorgaben sind z.B. in Formularen zur Beurteilung von Mitarbeitern festgelegt.
- Sie finden üblicherweise zwischen dem direkten Vorgesetzten und dem Mitarbeiter und nur in besonderen Fällen zwischen dem nächsthöheren Vorgesetzten oder Mitarbeitern aus dem Personalbereich und dem Mitarbeiter statt.
- Mitarbeitergespräche sind im Regelfall auch so genannte Vieraugengespräche, d.h. nur der unmittelbare Vorgesetzte und der Mitarbeiter führen diese Gespräche. Bei Gesprächen über die Beurteilung ihrer Leistungen und die Möglichkeiten ihrer beruflichen Entwicklung können Mitarbeiter ein Betriebsratsmitglied hinzuziehen (§§ 81, 82 BetrVG). Bei Disziplinargesprächen, bei denen es um ein möglicherweise grobes Fehlverhalten des Mitarbeiters und die daraus erfolgenden Konsequenzen geht, werden häufig auch auf Seiten der Führungskraft weitere Personen, z.B. Mitarbeiter aus dem Personalbereich, hinzugezogen.

Für die effektive Führung von Mitarbeitergesprächen gibt es unabhängig vom Gesprächsthema oder Gesprächsanlass Empfehlungen zur Durchführung dieser Gespräche. Diese werden im Folgenden erläutert. Besonderheiten bei der Führung von Mitarbeitergesprächen mit speziellen Themen und Anlässen werden im nächsten Kapitel im Zusammenhang mit der Erläuterung der dazu gehörenden Führungsfunktion dargestellt.

Abb. 22 Prozess und Phasen eines Mitarbeitergesprächs

7.1 Gesprächsvorbereitung

Zur Gesprächsvorbereitung gehören auf der inhaltlichen, mentalen Ebene die Selbstklärung und auf der organisatorischen, praktischen Ebene die Rahmenklärung und die Verabredung zum Gespräch (Schulz von Thun u.a. 2005, S.109 ff.).

Abb. 23 Phasen der Gesprächsvorbereitung

Die Selbstklärung

Zunächst gilt es für sich selbst zu klären, welche Einstellung oder Haltung man zum Thema des Gespräches und zu den Beteiligten hat (Schulz von Thun u.a. 2005, S.109 f.):

- „Wie erlebe ich die Situation? Welche Gefühle habe ich dabei? Bin ich verärgert, irritiert, verunsichert, enttäuscht? Sind meine Gefühle auch durch den Anderen bewirkt oder bin ich überempfindlich?“

- „Wozu bin ich bereit, um ein einvernehmliches Ergebnis zu erreichen? Bin ich mir über meine Haltung wirklich im Klaren?“

Anhand der vier Ebenen einer Botschaft kann man diese Selbstklärung strukturieren (Schulz von Thun u.a. 2005, S.109f.):

- **Sachebene**: „Wie sehe ich die Sachlage? Welche Punkte möchte ich ansprechen und klären? Wie wird vermutlich der Andere den Sachverhalt sehen?“
- **Appell**: „Was möchte ich durch das Gespräch erreichen? Was erwartet vermutlich der Andere?“
- **Beziehungsebene**: „Wie ist meiner Meinung nach die Beziehung zwischen mir und dem Anderen? Wie sehe ich den Anderen und wie sieht er vermutlich mich?“
- **Selbstkundgabe**: „Welche Gefühle habe ich hinsichtlich des Gespräches? Was wäre die „ideale“ Einstellung zu dem Gespräch? Bin ich im Reinen mit meinen Vorstellungen und Gefühlen bezüglich des Gesprächs? Wie wird der Andere sich fühlen?“

Anschließend kann man erste Vermutungen entwickeln, wie der Andere die Angelegenheit wahrnimmt.

Rahmenklärung und organisatorische Vorbereitung

Der Erfolg eines Gespräches wird auch von den Gegebenheiten der Situation mitbestimmt. Dazu sind Entscheidungen zu treffen, damit das Gespräch in einem möglichst optimalen Rahmen stattfinden kann (Schulz von Thun u.a. 2005, S.110f.):

- Wo wird das Gespräch stattfinden? Am Arbeitsplatz, im Großraumbüro oder in einem Besprechungsraum oder außerhalb des Unternehmens z.B. in einem Restaurant?
- Wann soll das Gespräch stattfinden und wie viel Zeit ist dafür vorzusehen und zu reservieren?
- Wie können Störungen ausgeschlossen werden?
- Welche Unterlagen und Hilfsmittel, z.B. Notebook, sind erforderlich?

Verabredung zum Gespräch

Für eine dauerhaft effektive Zusammenarbeit ist es nicht sinnvoll, den Mitarbeiter bei der Besprechung von heiklen Themen ohne „Vorwarnung" zu überrumpeln (Schulz von Thun u.a. 2005, S.111). Dieser Augenblicksvorteil kann sich verheerend auf die zukünftige Beziehung auswirken, da der Mitarbeiter kein Vertrauen mehr in die Führungskraft hat und sich manipuliert fühlt. Um dies zu vermeiden und um dem Mitarbeiter die Chance zu geben, dass er sich auch auf das Gespräch vorbereiten kann, sollte ihm rechtzeitig das Thema und Zeit und Ort des Gespräches mitgeteilt werden.

7.2 Durchführung des Gespräches

Ein systematisch geführtes Gespräch sollte üblicherweise in den folgenden Phasen erfolgen.

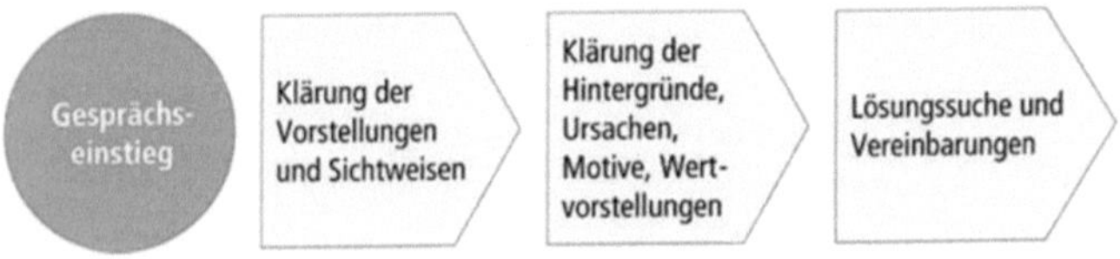

Abb. 24 Phasen eines systematischen Mitarbeitergesprächs

Der Gesprächseinstieg

Nach der Begrüßung sollte recht schnell und klar das Thema des Gespräches benannt werden (Schulz von Thun u.a. 2005, S.112f.). Dadurch kann sich der Mitarbeiter auf das Gespräch einstellen, und er braucht nicht wie bei einer zu langen Einleitung und Smalltalk rätseln, worum es in dem Gespräch gehen soll.

Sachebene	Appell-, Selbstkundgabe- und Beziehungsebenen und Kommunikationsmittel mit besonderer Bedeutung in dieser Gesprächsphase
→ Benennung des Themas → voraussichtliche Dauer und Ablauf des Gesprächs → Falls erforderlich: Informationen zum Gesprächsthema	→ Beziehungs- und Selbstoffenbarungsebene → Wünsche und Erwartungen an das Gespräch → eventuell Erfragen der Wünsche des Anderen → eventuell Mitteilung über die aktuellen Gefühle in Bezug auf das Gespräch

Abb. 25 Gesprächseinstieg (vgl. Klutmann 2004, S. 125)

Klärung der Vorstellungen und der Sichtweisen

Beispiel: Im Mitarbeitergespräch soll die vom Vorgesetzten wahrgenommene unbefriedigende Leistung des Mitarbeiters behandelt werden.

Dann gilt es, in dieser Phase die jeweiligen Vorstellungen und Sichtweisen bezogen auf das Gesprächsthema zu klären (Schulz von Thun u.a. 2005, S.113 ff.).

Sachebene	Appell-, Selbstkundgabe- und Beziehungsebenen und Kommunikationsmittel mit besonderer Bedeutung in dieser Gesprächsphase
→ Darstellung der Probleme und Vorstellungen → Informationen, Visualisierungen	→ Beziehungs- und Selbstoffenbarungsebene → aufnehmendes und aktives Zuhören → Sensibilität im Hinblick auf die nonverbalen Signale des Gesprächspartners

	→ Probleme und Vorstellungen erschließende Fragen → aktivierende Fragen

Abb. 26 Klärung der Vorstellungen und Sichtweisen

Beispiel: Der Vorgesetzte teilt in dieser Phase dem Mitarbeiter mit, wie er die Leistung des Mitarbeiters erlebt und warum er sie als unbefriedigend einschätzt, indem er u.U. auch darlegt, welche Maßstäbe er bei der Beurteilung der Arbeitsleistung anlegt.

Dabei sollte er möglichst aus dem Erwachsenen-Ich kommunizieren, ohne dabei moralischen Druck auszuüben und Lösungsvorschläge zu unterbreiten. All diese Verhaltensweisen beeinträchtigen das gemeinsame Erarbeiten und Klären der jeweiligen Vorstellungen und ihrer möglichen Unterschiede. Insbesondere eine Kommunikation aus dem kritischen Eltern-Ich ebenso wie Aussagen aus der Lenkungs- oder Appellebene würden diese gemeinsame Klärung erheblich belasten.

In dieser Phase sollte auch die Einschätzung der Arbeitsleistung des Mitarbeiters durch den Mitarbeiter erfolgen. Ob der Vorgesetzte gleich am Anfang dieser Gesprächsphase den Mitarbeiter um die Einschätzung seiner Arbeitsleistung bittet oder ob er zuerst seine Einschätzung der Arbeitsleistung des Mitarbeiters darstellt, hängt vom Einzelfall ab.

Wenn der Mitarbeiter seine Einschätzung der eigenen Arbeitsleistung vornimmt, sollte die Führungskraft als Kommunikationsempfänger vor allem auf Informationen über ihr „Sachohr" und ihr „Selbstkundeohr" („*Was sagt der Mitarbeiter über sich selbst?*") achten. Als Kommunikationssender kann sie außer der Lenkungsebene alle anderen Ebenen nutzen. Bei der Sachebene kann der Versuch, wichtige Gesprächsinhalte zu visualisieren, sehr hilfreich für das gegenseitige Verständnis sein.

Klärung der Hintergründe, Ursachen, Motive und Wertvorstellungen

In dieser Phase geht es darum, die Hintergründe für das Verhalten zu klären (Schulz von Thun u.a. 2005, S. 115 ff.).

„Warum zeigt der Mitarbeiter unbefriedigende Arbeitsleistungen?" Die Ursachen könnten z.B. in einer mangelnden Ausbildung liegen oder weil der Mitarbeiter durch andere Aufgaben überlastet ist oder weil er das Gefühl hat, dass seine Leistungen nicht angemessen gewürdigt werden.

Auch das Verhalten der Führungskraft ist durch bestimmte Motive oder Werthaltungen bestimmt, die auch in dieser Phase geklärt und vermittelt werden sollten.

Beispiel: Befürchtet z.B. die Führungskraft, dass durch die mangelnde Arbeitsleistung wichtige Aufgaben nicht richtig oder rechtzeitig erledigt werden oder dass auch andere Mitarbeiter weniger leisten, wenn sie wahrnehmen, dass dies geduldet wird?

Die Klärung der Ursachen für das Verhalten soll nicht als Suche nach dem Schuldigen verstanden werden (kritisches Eltern-Ich), sondern es soll vermieden werden, dass man nur oberflächlich das Problem anspricht, anstatt es durch Bearbeitung der Ursachen grundlegend und dauerhaft zu lösen. Es kann in dieser Phase erforderlich sein, sich nicht mit ersten Antworten zufrieden zu geben, da in dieser Phase häufig naheliegende und nicht so problematische oder persönliche Ursachen genannt werden. Deshalb ist diese Phase der Gesprächsführung sowohl äußerst wichtig als auch sehr schwierig. Für Führungskräfte, die in der Regel darauf „trainiert" sind, schnell Lösungen zu entwickeln, ist es häufig schwierig, diese Phase konsequent durchzuführen und nicht vorschnell Lösungen festzulegen.

Beispiel: So kann es sein, dass der Mitarbeiter seine mangelnde Arbeitsleistung auf eine Überlastung, evtl. auch vorübergehender privater Natur beruft. In Wirklichkeit fühlt er sich aber als Person von der Führungskraft nicht angemessen gewürdigt. Dies ist dem Mitarbeiter oftmals selbst nicht klar und deutlich und wird für ihn vielleicht erst durch das Gespräch klar. Es besteht dann die Möglichkeit, die Beziehungsebene zwischen der Führungskraft und dem Mitarbeiter zu thematisieren und zu klären.

Es bieten sich hier die gleichen Gesprächstechniken wie in der vorhergehenden Phase „Klärung der Vorstellungen und Sichtweisen" an.

Lösungssuche und Vereinbarungen

Erst nachdem die grundlegenden Ursachen für das Problem gemeinsam geklärt sind, kann über mögliche Lösungen nachgedacht werden (Schulz von Thun u.a. 2005, S. 118 ff.). Dabei sollte zuerst der Mitarbeiter nach Lösungsvorschlägen befragt werden, da dann seine Bereitschaft, diese umzusetzen, groß sein dürfte. Die Lösungsvorschläge sollten möglichst konkret vereinbart werden. Die Regeln für die Formulierung von Zielen im Kapitel „Führungsfunktionen und Führungsinstrumente“ können dabei sehr hilfreich sein.

Anschließend wird das Gespräch von der Führungskraft zusammengefasst. Dies ist auch dann erforderlich, wenn kein Einvernehmen besteht.

Sachebene	Appell-, Selbstkundgabe- und Beziehungsebenen und Kommunikationsmittel mit besonderer Bedeutung in dieser Gesprächsphase
→ Lösungsvorschläge erbitten. → Zuhören. → Lösungsvorschläge von anderen unvoreingenommen sammeln. → Probleme und Argumente sachlich analysieren und prüfen. → In den Argumenten der Gesprächspartner und in den eigenen nach unausgesprochenen Voraussetzungen suchen.	→ Lenkungsebene → Einsatz von Fragen nach dem Trichtermodell → Aktivierende und offene Fragen → Eigene Meinung nicht so äußern, als ob sie die einzige Möglichkeit oder Wahrheit seien (apodiktisch), sondern sie klar als subjektive Überzeugung ausdrücken.

Abb. 27 Lösungssuche und Vereinbarungen

7.3 Gesprächsnachbereitung

Die Gesprächsnachbereitung ist ein Element der **Metakommunikation** (= Kommunikation über die Kommunikation). Führungskraft und Mitarbeiter sprechen über das Gespräch.

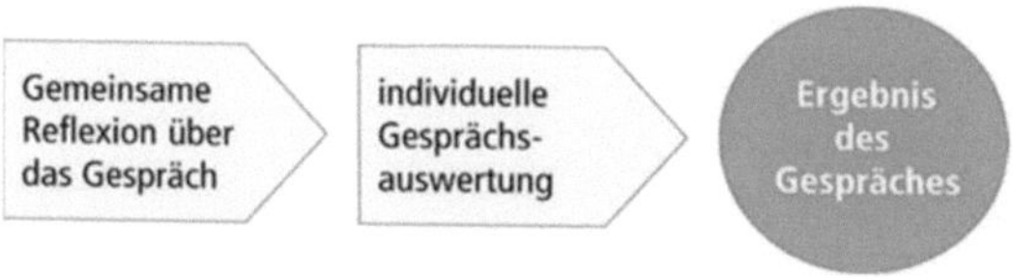

Abb. 28 Phasen der Gesprächsnachbereitung

Gemeinsame Reflexion über das Gespräch

Die Gesprächsteilnehmer sprechen darüber, wie sie das Gespräch erlebt haben (Schulz von Thun u.a. 2005, S.120f.). Es bietet beiden die Chance zu einer Rückmeldung, wie der Andere ihn erlebt hat und damit auch die Möglichkeit, sein Verhalten weiterzuentwickeln.

Individuelle Gesprächsauswertung

Im Anschluss daran wird jeder Gesprächspartner für sich eine Auswertung und Beurteilung des Gespräches vornehmen.

8 Zusammenfassung

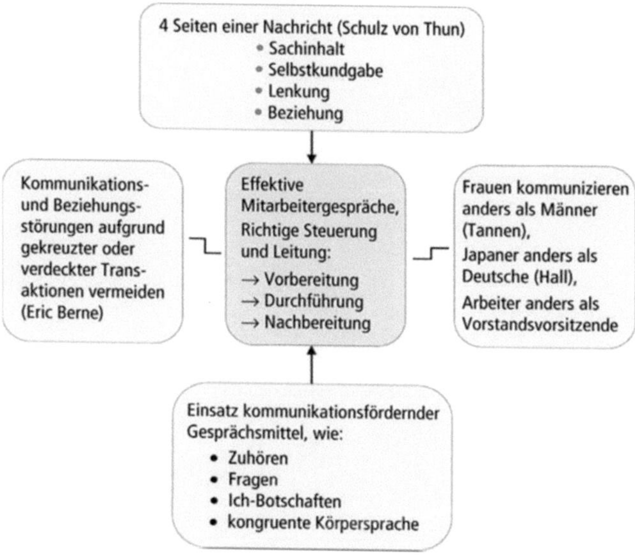

Abb. 29 Zusammenfassung der „Führungskommunikation“

9 Fallstudie[1]

Herr Baum hat vor kurzem das Studium beendet und arbeitet in der Personalabteilung des mittelständischen Unternehmens Auto-Plaste als Personalreferent. Vor kurzem hat er von Herrn Falkenberg, Mitglied der Geschäftsleitung, zuständig für kaufmännische Angelegenheiten und Personal, den Auftrag erhalten, eine Präsentation zu Möglichkeiten und Problemen der Einführung einer Beteiligung der Mitarbeiter am Gewinn zu machen. Herr Baum, ein sehr ehrgeiziger, forscher und selbstbewusster Mitarbeiter, sieht das als eine gute Möglichkeit, sich zu profilieren und damit seine Karrierechancen zu verbessern. Der Leiter der Personalabteilung und sein direkter Vorgesetzter, Herr Sorge, ist ein eher vorsichtiger Mensch. Er hat Angst, dass Herr Baum in seiner forschen Art bei der Präsentation Aussagen und Vorschläge macht, die nicht genügend abgewogen sind und die zu viel Ärger führen könnten und die das Ansehen von Sorge bei der Geschäftsleitung beeinträchtigen könnten.

Während eines regelmäßigen Gesprächs mit Herrn Baum über den Stand der Erledigung seiner Aufgaben nimmt er die Gelegenheit wahr, sich mit Herrn Baum über diese Präsentation zu unterhalten.

[1] Sorge: „*Bevor wir das Gespräch abschließen, möchte ich mich mit Ihnen über den Stand Ihrer Ausarbeitung zur Gewinnbeteiligung unterhalten. Wie weit sind Sie mit Ihrer Ausarbeitung?*“

[2] Baum: „*Ich komme ganz gut mit der Ausarbeitung voran und werde sie termingerecht der Geschäftsleitung präsentieren können.*“

[3] Sorge: „*Bevor Sie diese Ausarbeitung der Geschäftsleitung präsentieren, möchte ich sie vorher sehen. Die Geschäftsleitung legt viel Wert auf bestimmte Formalien und ich möchte sichergehen, dass Sie diese Formalien beachten!*“

[4] Baum: „*Ja, wenn Sie darauf Wert legen. Aber Herr Falkenberg hat mich ganz ausdrücklich aufgefordert, meine Ansicht offen und frei darzustellen. Er sagte, wir brauchen neue Ideen und erwarten dies von Ihnen.*“

---

[1] Es handelt sich um einen fiktiven Fall.

[5] Sorge: „*Herr Baum, verstehen Sie mich bitte nicht falsch. Ich möchte Ihnen nur helfen. In unserem Unternehmen wird sehr viel Wert auf Formen gelegt. Die Wertschätzung einer Abteilung und ihrer Mitarbeiter hängen sehr vom Eindruck ab, den die Mitarbeiter bei Präsentationen hinterlassen. Selbst kleinste Fehler werden sehr kritisch gesehen.*"

[6] Baum: „*Das ist mir sehr bewusst. Deshalb bin ich sehr sorgfältig mit meiner Ausarbeitung.*"

Aufgaben und Fragen

1. Welche Botschaften werden bei diesem Gespräch auf der Sach- und auf der Beziehungsebene kommuniziert?
2. Aus welchen Ich-Zuständen erfolgen die Transaktionen (3) und (4) und um welche Art von Transaktion handelt es sich somit? Erläutern Sie bitte Ihre Ansicht.
3. Analysieren Sie bitte die Aussagen in (6) mit Hilfe des TALK-Modells.
4. Um welche Form der Lenkung handelt es sich bei den Aussagen in (5) „Die Wertschätzung einer Abteilung und von Mitarbeitern hängen sehr vom Eindruck ab, den die Mitarbeiter bei Präsentationen hinterlassen. Selbst kleinste Fehler werden sehr kritisch gesehen."? Wie sollte man stattdessen formulieren?

Lösungsvorschläge zur Fallstudie

ad 1) Auf der **Sachebene** wird darüber gesprochen, dass die Präsentation formal korrekt ausgearbeitet und durchgeführt wird. Auf der **Beziehungsebene** geht es um die Gefühle der Beteiligten. Herr Sorge hat Angst, dass Herr Baum durch eine nicht ausgewogene Darstellung die Geschäftsleitung verärgert und dass dies auf ihn zurückfällt. Herr Baum sieht sich durch den Auftrag direkt von einem Geschäftsführer unter Umgehung seines direkten Vorgesetzten gestärkt und aufgewertet. Er möchte sich deshalb von Herrn Baum nicht in seine Präsentation hineinreden lassen. Herr Sorge möchte weiterhin Kontrolle über Herrn Baum ausüben; Herr Baum wiederum möchte sich der Kontrolle durch Herrn Sorge entziehen.

ad 2) Die Transaktion (3) erfolgt aus dem **kritischen, kontrollierendem Eltern-Ich**. Bei der Antwort (4) ist trotz des „Ja" Widerstand zu erkennen. Herr Baum drückt deutlich aus, dass er nicht will, dass Sorge sich seine Ausarbeitung anschaut („*wenn Sie Wert darauf legen*“) und er verweist darauf, dass der Auftrag der Geschäftsleitung ausdrücklich dahin geht, dass Wert auf neue Ideen gelegt wird und dass er seine Ansichten offen und frei äußern soll. Im Auftrag, der direkt von der Geschäftsleitung kommt, ist außerdem nicht vorgesehen, dass er seine Präsentation mit Sorge abzusprechen habe. Baum argumentiert in Bezug auf Normen und Vorstellungen der Geschäftsleitung und weist damit in gewisser Weise seinen Vorgesetzten zurecht. Bei dieser Auffassung handelt es sich um eine Transaktion von Baum aus dem kritischen Eltern-Ich an das angepasste Kindheits-Ich von Sorge, der sich den Wünschen und Vorgaben der übergeordneten Instanz beugen soll. Unter Umständen könnte man auch die Reaktion von Baum als eine Reaktion aus dem rebellischen Kindheits-Ich deuten, wenn man in der Aussage vor allem die Durchsetzung des eigenen Willens als wesentliches Element ansieht. In jedem Fall handelt es sich um eine nichtkomplementäre Transaktion.

ad 3) **Sachaussage**: Er weiß, wie wichtig die Beachtung der Formalien ist. **Selbstoffenbarung**: Ich fühle mich dazu in der Lage. Ich bin kein unfähiger Mitarbeiter, der dazu ihre Hilfe braucht. **Lenkung**: Versuchen Sie bitte nicht, mir in meinen Vortrag hineinzureden. **Kontakt oder Beziehungsaspekt**: Distanz.

ad 4) Bei dieser Form der Lenkung wird mit sogenannten **Man-Botschaften** gesteuert. Eine authentischere Lenkung wäre, wenn Sorge mit einer Ich-Botschaft seine Befürchtungen ausdrücken und zugleich auch **selbstverantwortlich** argumentieren würde.

Glossar

Absentismus

Absentismus ist die Abwesenheit von der Arbeit aus persönlichen oder motivationalen Gründen, die umgangssprachlich als „blau machen“ bezeichnet werden.

Abweichendes Verhalten

Als abweichendes Verhalten bezeichnet man Verhaltensweisen, bei denen absichtlich gegen Normen und Regeln der Gemeinschaft oder des Unternehmens verstoßen wird und die negative Auswirkungen für die Gemeinschaft oder das Unternehmen haben.

Anweisung oder Einzelauftrag

Anweisungen oder auch Einzelaufträge sind Führungsinstrumente, bei denen dem Mitarbeiter häufig sehr detailliert gesagt wird, was er wie zu tun und gelegentlich auch zu unterlassen hat.

Arbeitszufriedenheit

Arbeitszufriedenheit ist die Einstellung zur Arbeit. Sie gibt an, welche Gefühle, Einschätzungen, Überzeugungen und Verhaltensabsichten Mitarbeiter bezüglich ihrer Arbeit haben.

Attributionstheorie der Führung

Diese Führungstheorie beschreibt, von welchen Bedingungen es abhängt, ob eine Führungskraft gute bzw. schlechte Leistungen von Mitarbeiter auf mangelnde Motivation oder Fähigkeiten der Mitarbeiter oder aber auf die Umstände der Arbeit, wie mangelhafte Werkzeugen ungenügende Informationen, mangelnde Unterstützung durch andere, zurückführt.

Authentische Führung

Authentische Führung ist ein Ansatz zur Beschreibung eines ethisch orientiertem Führungsverhalten.

Autonomer Führungsstil

Dieser Führungsstil drückt aus, inwieweit Führungskräfte in ihrem Führungsverhalten als autonom, unabhängig und individualistisch wahrgenommen werden.

Bewertende Rückmeldungen

Bewertende Rückmeldungen sind Mitteilungen des Unternehmens – in der Regel durch den unmittelbaren Vorgesetzten – an den Mitarbeiter über die in den Soll-Ist-Vergleichen (Kontrollen) festgestellten Befunde.

Bossing

Wenn Mobbing vom Vorgesetzten, vom Boss, initiiert oder wohlwollend geduldet wird, dann wird dies als „Bossing" bezeichnet.

Brainstorming

Brainstorming ist eine Technik zur Förderung der Kreativität, bei der jeder seine Ideen frei äußern soll, bei der keine verbale und auch keine nonverbale Kritik (z.B. Stirn runzeln) erlaubt ist und bei der die Vorschläge der anderen als Anregung für eigene Vorschläge genutzt werden sollen.

Coaching

In Anlehnung an die Funktion eines persönlichen Coaches im Leistungsport handelt sich dabei in der Wirtschaft um eine sehr intensive, persönliche und auf die spezifischen Bedürfnisse des Mitarbeiters und des Unternehmens abgestimmte Beratung mit dem Ziel, das Leistungsvermögen des Mitarbeiters zu entwickeln und zu verbessern.

Commitment mit dem Unternehmen

sich dem Unternehmen zugehörig und mit dem Unternehmen verbunden zu fühlen

Counselling

Unter „Counselling" versteht man die Führungsaufgabe von Vorgesetzten, ihre Mitarbeiter sowohl persönlich als auch fachlich zu beraten.

Delegation

Bei der Delegation wird dem Mitarbeiter langfristig ein Aufgabenbereich oder für eine bestimmte Zeit ein Projekt und die dazu erforderlichen Kompetenzen (Rechte) übertragen. Damit erhält er zugleich auch die Verantwortung für dieses Aufgabengebiet oder Projekt. Der große Unterschied zur Einzelanweisung liegt in der grundsätzlichen Übertragung der Aufgaben und in der Übertragung der dazu erforderlichen Kompetenzen. Damit verbunden ist eine größere Verantwortlichkeit und Selbstständigkeit bei der Aufgabenerledigung. Werden dem Mitarbeiter nicht alle erforderlichen Kompetenzen übertragen, dann wird dies als Scheindelegation bezeichnet. Wenn der Mitarbeiter immer wieder beim Vorgesetzten rückfragt und um dessen Entscheidung bittet, obwohl er ausreichende Kompetenzen hat, dann handelt es sich um eine Rückdelegation.

Eigenschaftstheorie der Führung

Nach der Eigenschaftstheorie der Führung ist der Führungserfolg abhängig von Persönlichkeitseigenschaften der Führungskraft. Führungskräfte haben bestimmte Eigenschaften, die sie von anderen unterscheiden und die ihren Führungserfolg sicherstellen. Es handelt sich dabei um stabile Persönlichkeitseigenschaften, die den Führungserfolg auch zu anderen Zeiten und auch bei anderen Gruppen und Situationen ermöglichen.

Emotionale Intelligenz

Damit bezeichnet man die Fähigkeit, „intelligent" mit den eigenen Emotionen und denen anderer Personen umgehen zu können.

Emotionen

Emotionen oder Gefühle sind Empfindungen, die sich auf der qualitativen Dimension „angenehm oder unangenehm" sowie auf der quantitativen Dimension Stärke oder Intensität der Gefühle und auf der Aktivitätsdimension (handlungsauslösend oder nicht) beschreiben lassen.

Empathie

Empathie (Einfühlungsvermögen) bedeutet zu wissen und zu fühlen, was andere fühlen und mitfühlen zu können.

Ethik

Die Ethik als eine Teildisziplin der Philosophie befasst sich mit den Normen oder Grundsätzen für das richtige, das moralische einwandfreie Verhalten.

Fehlzeiten

Fehlzeiten sind die Zeiten, in denen der Mitarbeiter wegen Krankheit, Unfall, Kur, Mutterschaft und aus persönlichen Gründen, deren Ursachen im privaten Bereich oder in der Unzufriedenheit mit der Arbeit zu finden sind, nicht seiner Arbeitspflicht nachkommt bzw. nachkommen kann.

Formale Gruppen

Formale Gruppen werden von übergeordneten Stellen bewusst geplant und eingerichtet, um bestimmte Ziele zu erreichen.

Führungsgrundsätze, Führungsrichtlinien oder **Leitlinien zur Führung und Zusammenarbeit**

Damit werden die vom Unternehmen schriftlich festgelegten grundsätzlichen Regelungen der Zusammenarbeit zwischen Vorgesetzten und ihren Mitarbeitern bezeichnet.

Führungskraft

Als „Führungskraft" oder „Führungsperson" werden hier Personen bezeichnet, die aufgrund der Entscheidung des Unternehmens das Recht haben, den Mitarbeitern in ihrem Verantwortungsbereich Weisungen zu geben (legitime oder formale Führer).

Führungsmodelle

In Führungsmodellen werden die verschiedenen Instrumente der Führung beschrieben, ganzheitlich aufeinander aufgebaut und miteinander verbunden, z.B. der Zusammenhang von Delegation und Kontrolle. Durch die Führungsmodelle in Unternehmen wird vorgegeben (normiert), wie die Führungskraft diese Instrumente anzuwenden hat.

Führungsstile

beschreiben die vorherrschende Art und Weise des Führungsverhaltens einer Führungskraft. Führungskräfte mit aufgaben- oder leistungsorientiertem Führungsstil sind z.B. primär daran interessiert, dass die Arbeit erfolgreich und effizient erledigt wird, während Führungskräfte mit mitarbeiterorientiertem Führungsstil auf die persönlichen Belange ihrer Mitarbeiter Rücksicht nehmen.

Gesichtswahrender Führungsstil (Self Protective Leadership)

Führungskräfte mit diesem Führungsstil sind in Bezug auf sich selbst und auf ihre Gruppenmitglieder sicherheitsorientiert. Sie achten darauf, dass ihr Gesicht, ihr Ansehen gewahrt wird.

Gleichheits- oder Gerechtigkeitstheorien (Equity-Theorien)

Diese Theorien beschreiben die Wahrnehmung von Gerechtigkeit in sozialen Tauschsituationen und die Auswirkungen wahrgenommener Gerechtigkeit bzw. Ungerechtigkeit auf das Verhalten, insbesondere die Motivation.

Goodwillbeiträge

sind Leistungsbeiträge der Mitarbeiter, die über die unmittelbaren Pflichtbeiträge der Mitarbeiter hinaus in einem weiteren Begriffsverständnis von Leistung zu beachten sind. Sie werden auch als Extra-Rollenverhalten, als Organizational Citizenship Behaviour (OCB) oder als Contextual Performance bezeichnet. Goodwillbeiträge sind Leistungsbeiträge, die der Mitarbeiter freiwillig erbringen oder aber auch ohne Gefahr der Bestrafung zurückhalten kann, weil sie kein Bestandteil der arbeitsvertraglich geschuldeten Leistungspflicht sind oder weil ihre Zurückhaltung ihm nicht als Pflichtverletzung nachgewiesen oder vorgeworfen werden kann.

Gruppen

Gruppen sind zwei oder mehr Personen, die längerfristig untereinander in einer stabilen Beziehungsstruktur stehen, die gemeinsame Ziele und Interessen haben und sich auch als eine Gemeinschaft, als eine Gruppe fühlen („Wir-Gefühl").

Gruppendenken

Gruppendenken ist die Tendenz von Mitgliedern von Gruppen, sich so sehr dem Gruppendruck zu unterwerfen, dass sie nicht mehr kritisch denken und die möglicherweise korrigierenden Informationen insbesondere von Außenstehenden ignorieren.

Gruppendynamik

Gruppendynamik ist die Entwicklung und Veränderung von Rollen in der Gruppe und den Beziehungen zwischen den Gruppenmitgliedern.

Gruppenkohäsion

Die Gruppenkohäsion gibt an, wie sehr sich die Gruppenmitglieder als zusammengehörig empfinden.

Gruppennormen

Gruppennormen sind Regeln über das richtige Verhalten und Denken, die von den Mitgliedern einer Gruppe allgemein als gültige Standards angesehen werden.

Gruppenpolarisation

Gruppenpolarisation ist die Aufspaltung der Gruppe in zwei Teilgruppen, die gegensätzliche Auffassungen vertreten und sich kritisch oder sogar feindlich gegenüberstehen.

Identifikation mit dem Unternehmen

Als Identifikation mit dem Unternehmen bezeichnet man die Bereitschaft, sich als Teil des Unternehmens zu fühlen, und dessen Ziele als eigene Ziele zu übernehmen.

Impression Management (Selbstdarstellung)

Impression Management ist der Versuch einer Person, einen besonders positiven Eindruck bei anderen Personen zu erzeugen

Informale Gruppen

Informale Gruppen bilden sich auf natürliche Art und Weise und nicht gesteuert durch die Unternehmensführung, weil bestimmte Personen gleiche Interessen haben, z.B. Interesse am gleichen Sport.

Inhaltsethik

Gegenstand der Inhaltsethik sind die ethischen Grundsätze oder Normen, nach denen wir unser Verhalten ausrichten sollen.

Innere Kündigung

Bei der inneren Kündigung verbleibt der Mitarbeiter im Unternehmen, er verringert jedoch sein Engagement, seine Leistungsbereitschaft soweit als möglich.

Interrollenkonflikt

Ein Interrollenkonflikt kann sich ergeben, wenn eine Person verschiedene Rollen wahrzunehmen hat und sich aus den Erwartungen an die verschiedenen Rollen einer Person Widersprüche ergeben.

Intersenderrollenkonflikt

Von verschiedenen Rollensendern ausgehende Erwartungen widersprechen sich.

Intrarollenkonflikt

Als Intrarollenkonflikt bezeichnet man Konflikte, die sich aus einer Rolle ergeben, wenn an diese eine Rolle widersprüchliche Erwartungen gestellt werden.

Intrasenderkonflikt

Der gleiche Rollensender sendet widersprüchliche Erwartungen an den Positionsinhaber.

Intrinsische und **extrinsische Motivation**

Die Form der Motivbefriedigung, die aus der Tätigkeit heraus kommt, nennt man intrinsische Motivation. Demgegenüber wird die Motivation, die durch Andere erfolgt, wie Entlohnung, Aufstieg, sicherer Arbeitsplatz, als extrinsische Motivation bezeichnet.

Job Involvement

Der Begriff Job Involvement erfasst, inwieweit sich eine Person mit ihrer Arbeit identifiziert und welche Bedeutung ihre Arbeit und ihre Leistungen bei der Arbeit für das Selbstwertgefühl der Person haben.

Kommunikation

Kommunikation ist der Prozess des Austauschens und des Verstehens von Meinungen, Bedeutungen, Ideen und Vorstellungen sowie Gefühlen zwischen mindestens zwei Personen.

komplementäre Transaktion

Beide Seiten akzeptieren die Bewusstseinszustände, in denen sie der Andere anspricht.

Konflikt

Konflikt ist ein Prozess, bei dem zumindest eine Partei die subjektive Wahrnehmung hat, dass eine andere Partei ihre Interessen oder etwas anderes, was ihr wertvoll oder wichtig ist, wesentlich beeinträchtigt oder beieinträchtigen könnte.

Kontrolle oder **Kontrollieren**

Die Führungsfunktion „Kontrollieren" dient dazu, die Ist-Leistung des Mitarbeiters mit der vorgegebenen oder vereinbarten Soll-Leistung zu vergleichen, um feststellen zu können, inwieweit die betrieblichen Ziele erreicht werden und um gegebenenfalls Maßnahmen zur Zielerreichung rechtzeitig einleiten zu können.

Laterale Führung

Einflussnahme von Mitarbeitern auf andere Mitarbeiter, ohne dafür die Weisungsbefugniss zu haben, wird als laterale Führung bezeichnet.

Leader-Member-Exchange-Theorie (LMX-Theorie)

Nach dieser Theorie werden nicht alle Gruppenmitglieder in gleicher Weise vom Gruppenführer geführt. Zu einige Gruppenmitglieder entwickelt der Vorgesetzte eine positive Beziehung, die geprägt ist von gegenseitigem Respekt, Wertschätzung und Vertrauen. Diese Gruppenmitglieder bilden die In-Gruppe oder auch Kerngruppe im Gegensatz zur Out-Gruppe.

Leistungs- oder Personalbeurteilung

Die Leistungs- oder Personalbeurteilung ist ein formalisiertes Verfahren der Beurteilung der in der Vergangenheit gezeigten Leistungen und Verhaltensweisen der Mitarbeiter in der Regel durch den unmittelbaren Vorgesetzten.

Machiavellismus

Mit Machiavellismus bezeichnet man eine Persönlichkeitseigenschaft, die sich direkt auf politisches Verhalten bezieht. Personen, die diese Eigenschaft in hohem Maße aufweisen, sind sehr davon überzeugt, dass es richtig ist, andere zum Zwecke der eigenen Zielerreichung auszunutzen.

Macht

Macht ist die Fähigkeit oder das Potenzial einer Person A, das Verhalten einer Person B auch gegen deren Willen so zu beeinflussen, dass es dem Willen von A entspricht.

Management-by-Konzepte

Bei den Management-by-Konzepten handelt es sich um Empfehlungen zur Führung von Mitarbeitern, wie das Management by

Objectives (MbO) oder das Management by Delegation (MbD). Im Zentrum des Führungsverhaltens soll die jeweils im Namen enthaltene Führungstechnik stehen, d.h., die Führungskraft soll beim Management durch Delegation vor allem auf eine möglichst weitgehende Delegation der Aufgaben und Kompetenzen achten.

Managementfunktionen

Zielsetzung, Planung, Organisation und Realisation sowie Kontrolle sind die klassischen Funktionen des Managements.

Metakommunikation

Als Metakommunikation bezeichnet man die Kommunikation über die Kommunikation.

Mikropolitik

Als Mikropolitik oder politisches Handeln in Unternehmen werden all die Handlungen in Unternehmen verstanden, die darauf abzielen, Machtpotenziale aufzubauen und einzusetzen, um eigene Interessen gegenüber den Interessen anderer durchzusetzen, um den eigenen Handlungsspielraum zu erweitern und sich fremder Kontrolle und Abhängigkeit zu entziehen.

Mitarbeiterbesprechungen

Während Mitarbeitergespräche in der Regel zwischen einem Vorgesetzten und einem Mitarbeiter stattfinden, sind Mitarbeiterbesprechungen Besprechungen des Vorgesetzten mit mehreren Mitarbeitern in formalisierter Form mit z.B. Einladung, Tagesordnung, Protokoll.

Mitarbeitergespräch

Das Mitarbeitergespräch ist ein sehr wichtiges Instrument einer wirkungsvollen Mitarbeiterführung. Es handelt sich dabei um besondere Formen der Kommunikation zwischen Führungskraft und Mitarbeiter, die über die alltägliche Kommunikation hinausgehen.

Mitteilungsgerechtigkeit oder „**Interactional Justice**"

Die Mitteilungsgerechtigkeit bezieht sich auf die Art und Weise, wie dem Mitarbeiter Belohnungen oder auch Nicht-Belohnungen mitgeteilt werden.

Mobbing

Mobbing findet statt, wenn eine Gruppe von Mitarbeitern einen Kollegen, das Opfer, ignoriert, bloßstellt oder verspottet, den Kollegen systematisch ausgrenzt und nicht in die Arbeitsgruppe einbezieht oder versucht, seine Persönlichkeit und seine Privatsphäre zu verletzen.

Moderation

Bei der Moderation soll der Gruppenleiter sich aus der inhaltlichen Diskussion heraushalten. Er leitet die Diskussion im Wesentlichen durch Fragen und Zusammenfassen oder Gegenüberstellen der Aussagen der Gruppenmitglieder.

Moderator, Vermittler oder **Mediator**

Der Moderator, Vermittler oder Mediator versucht den Betroffenen zu helfen, dass sie selbst eine Konfliktlösung finden.

Motive, Bedürfnisse und **Motivation**

Motive und Bedürfnisse stellen generelle Beweggründe für das Verhalten dar. Wenn diese Motive aktiviert sind, wenn eine Absicht, ein Drang entstanden ist, sich in einer bestimmten Art und Weise zu verhalten, um diese Motive zu befriedigen, dann spricht man von Motivation.

New Leadership

Unter dem Begriff „New Leadership" werden Theorien der Führung zusammengefasst, bei denen in stärkerem Maße als bei den „klassischen" Führungstheorien emotionale Aspekte beachtet werden. Neu an diesen Führungstheorien ist nicht, dass sie auf völlig neuen Ideen beruhen, sondern dass sie in den letzten Jahren aufgrund der vielfältigen Veränderungsprozesse besondere Beachtung gefunden haben.

Nichtkomplementäre (gekreuzte) Transaktionen

Sie entstehen, wenn der Gesprächspartner aus einem anderen als dem angesprochenen Ich-Zustand reagiert. Dies bedeutet, dass der reagierende Gesprächspartner nicht akzeptiert, aus welchem Ich-Zustand der Andere ihn in einem bestimmten Ich-Zustand anspricht.

Nonverbale Kommunikation

Die nonverbale Kommunikation bezieht sich auf das Übertragen von Nachrichten ohne den Gebrauch von Worten. Sie umfasst nicht nur symbolisches nichtverbales Verhalten, sondern auch die Gegenstände, Ereignisse und die räumlichen sowie zeitlichen Variablen, die von kommunikativer Bedeutung sind.

Normenkonformität

Normenkonformität ist das Ausmaß, in dem sich Personen an die Normen der Gesellschaft oder Gruppe oder anderer Institutionen halten.

Personal- oder **Mitarbeiterführung**

Personal- oder Mitarbeiterführung ist der Interaktionsprozess in einem Unternehmen, bei dem eine Führungskraft das Handeln, Denken und Fühlen der Mitarbeiter in ihrem Verantwortungsbereich (Arbeitsgruppe, Abteilung usw.) im Hinblick auf die gemeinsame Erreichung von Unternehmenszielen bzw. die für den Verantwortungsbereich damit zusammenhängenden Ziele zu beeinflussen und zu steuern versucht.

Persönlichkeits- oder **Bewusstseinszustände** oder auch **Ich-Zustände**

In der Transaktionsanalyse unterscheidet man folgende Persönlichkeits- oder Bewusstseinszustände oder auch Ich-Zustände, die unser Denken, Fühlen oder Handeln beeinflussen: Eltern-Ich, Erwachsenen-Ich und Kindheits-Ich.

Person-Rollen-Konflikt

Der Person-Rollen-Konflikt tritt auf, wenn die Erwartungen an eine Rolle nicht vereinbar sind mit den persönlichen Wünschen, Werten oder Fähigkeiten des Inhabers der Position.

Pflichtbeiträge

Pflichtbeiträge sind diejenigen Leistungsbeiträge, die der Mitarbeiter aufgrund des Arbeitsvertrages schuldet und deren Erfüllung bzw. Nichterfüllung kontrolliert bzw. mit einem vernünftigen Aufwand kontrolliert werden kann. Diese Pflichtbeiträge werden auch als Taskperformance oder Rollenverhalten bezeichnet.

Potenzialanalyse oder **Potenzialeinschätzung**

Zielsetzung der Potenzialanalyse ist es, Aussagen oder genauer Prognosen über zukünftige Leistungen und Einsatzmöglichkeiten von Mitarbeitern bei anderen Aufgaben, die in der Regel weitergehende Kompetenzen fordern, zu machen.

Prozesstheorien der Motivation

Prozesstheorien dienen dazu zu beschreiben oder zu erklären, wie Motive angeregt werden und Verhaltensabsichten entstehen oder anders ausgedrückt, wie der Prozess der Motivation abläuft.

Prozessuale Ethik

Die prozessuale Ethik befasst sich mit der Frage, wie die Normen oder Grundsätze ethisch richtigen Verhaltens zu finden bzw. zu begründen sind.

Psychologischer Vertrag

Neben den Pflichten und Rechten des „juristischen" Arbeitsvertrages wird beim Abschluss eines Arbeitsvertrages auch – manchmal bewusst, häufig aber unbewusst – ein psychologischer Vertrag geschlossen, der die nicht normierten wechselseitigen Erwartungen und Hoffnungen beinhaltet.

Risikoschub

Als Risikoschub wird das Phänomen bezeichnet, dass es bei Gruppenentscheidungen unter Risiko häufig zu riskanteren Entscheidungen kommt als wenn Einzelpersonen entscheiden.

Rollentheorie der Führung

Erwartungen, die an den Inhaber einer Position von anderen gerichtet werden, sind Gegenstand der Rollentheorie. Sie beschäftigt sich mit der Beschreibung und Analyse der Auswirkungen einer sozialen Situation auf das Verhalten des Inhabers einer Position. Ihre Anwendung auf Führungspositionen ist die Rollentheorie der Führung.

Rollenüberladung

Eine Rollenüberladung ist gegeben, wenn die Erwartungen zwar untereinander und auch mit dem Wertesystem des Rolleninhabers vereinbar (kompatibel) sind, diese Erwartungen aber quantitativ von einer Person gar nicht erfüllbar sind.

Schiedsrichter oder **Schiedsgericht**

Ein Schiedsrichter oder auch ein Schiedsgericht hat die Macht, über den Konflikt zu entscheiden.

Schlichter

Der Schlichter wirkt als ausgleichende, beruhigende Kraft auf informaler Basis zwischen den Parteien und versucht die Eskalation des Konflikts zu vermeiden, indem er mittels seiner guten persönlichen Beziehungen (oder seiner Neutralität) zwischen den Parteien einen Ausgleich anstrebt.

Selbstmanagement

Selbstmanagement ist das bewusste, selbstbestimmte Gestalten des eigenen Lebens.

Selbststeuerung oder **Self Monitoring**

Als „Selbststeuerung oder Self Monitoring" wird die Eigenschaft von Personen bezeichnet, sich in verschiedenen Situationen gleich oder aber unterschiedlich zu verhalten und anzupassen. So gibt es Personen, die sich in hohem Maße in verschiedenen Situationen gleich verhalten, während es andere Personen gibt, die ihr Verhalten in beträchtlichem Ausmaß nach der Situation ausrichten und deshalb nicht diese Konsistenz des Verhaltens aufweisen.

Selbstvertrauen (**hoher Locus of Internal Control**) und **Selbstwirksamkeit**

Im **Selbstvertrauen** drückt sich das Gefühl von Personen aus, dass ihre Fähigkeiten und Fertigkeiten sie in die Lage versetzen, alle oder fast alle Probleme bewältigen zu können. Hohe **Selbstwirksamkeit** (Self-Efficacy) als eine ähnliche Eigenschaft wie Selbstvertrauen drückt sich darin aus, dass Personen davon überzeugt sind, dass sie grundsätzlich in der Lage sind, vielfältige und unterschiedliche Aufgaben zu bewältigen und nicht nur bestimmte Aufgaben, die sie gelernt haben.

Situationstheorien der Führung

Situationstheorien der Führung gehen davon aus, dass die Effizienz der Führung nicht nur von der Persönlichkeit und dem Verhalten der Führungskraft, sondern auch von der Führungssituation abhängt. Grundannahme ist, dass es keinen für alle Führungssituationen identischen Führungsstil mit hohem Führungserfolg gibt, sondern dass für jede Führungssituation ein spezifischer Führungsstil erforderlich ist.

Soziale Kompetenz

Die Fähigkeit, effektiv mit anderen Personen umgehen oder interagieren zu können.

Sozialer Status

Sozialer Status ist die relative soziale Position oder der Rang, der einer Gruppe oder Gruppenmitgliedern durch andere zugemessen wird. Der **formale Status** entsteht durch die hierarchischen Unterschiede, während sich der **informale Status** auf Grund von Kriterien ergibt, die nicht durch die Organisation vorgegeben werden. Dies kann z. B. durch besondere Erfahrungen, Fähigkeiten oder Expertenwissen von einzelnen Gruppenmitgliedern der Fall sein.

Soziogramm

Das Soziogramm ist die grafische Veranschaulichung von Beziehungen in einer Gruppe.

Soziometrie

Die Soziometrie ist ein Messverfahren zur Ermittlung von Beziehungen, z.B. Beliebtheitsbeziehungen, in Gruppen.

TALK-Modell der Kommunikation

Das Wort TALK dient als Gedächtnisstütze für die vier Seiten einer Nachricht, der Tatsachenaussage oder auch Sachinformation, dem Ausdrucks- oder Selbstoffenbarungsaspekt, dem Lenkungs- oder Appellaspekt und dem Kontakt- oder Beziehungsaspekt.

Team

Der Begriff wird häufig als Synonym für Gruppe verwendet. Manchmal werden damit auch Gruppen mit einem besonders ausgeprägten Wir-Gefühl bezeichnet.

Themenzentrierte Interaktion

Bei der Themenzentrierten Interaktion wird versucht, durch die Beachtung von bestimmten Regeln Bedürfnisse des Einzelnen und der Gruppe sowie das Ziel oder Thema der Gruppe angemessen zu berücksichtigen und auszubalancieren.

Theorie der kognitiven Dissonanz

Die Theorie der kognitiven Dissonanz beschreibt, wie Menschen mit widersprüchlichen Wahrnehmungen umgehen.

Transaktion

Wenn zwei Menschen sich durch Worte oder Körpersignale ansprechen, dann handelt es sich nach der Transaktionsanalyse um eine Transaktion.

Transaktionsanalyse

Die Transaktionsanalyse nach Berne ist eine auf der Basis der Psychoanalyse von Freud entwickelte Verbindung von Kommunikations- und Persönlichkeitstheorie, mit deren Hilfe die Ursache von Problemen in der Kommunikation und im Zusammenleben mit Anderen untersucht, Ursachen für diese Probleme entdeckt und Lösungsansätze entwickelt werden sollen.

Unerwünschte Verhaltensweisen

Unerwünschte Verhaltensweisen sind Verhaltensweisen, die zulässig sind, die aber negative Konsequenzen für den Erfolg des Unternehmens haben, wie z.B. wenn gute Mitarbeiter kündigen.

Unternehmenskultur

Als Unternehmenskultur bezeichnet man spezifische Denkmuster, Wertvorstellungen, Einstellungen und Verhaltensweisen, die den Mitarbeitern eines Unternehmens gemeinsam sind, die von ihnen geteilt werden.

Unternehmerisches Mitarbeiterverhalten

Unternehmerisches Mitarbeiterverhalten drückt sich darin aus, dass die Mitarbeiter selbstständig Erfolgschancen in ihrem Arbeitsbereich wahrnehmen, auf eigene Verantwortung tätig werden und Initiative ergreifen, um Chancen für das Unternehmen zu nutzen.

Verbale Kommunikation

Bei der verbalen Kommunikation handelt es sich um den Austausch von Mitteilungen oder Bedeutungen mittels Worten in geschriebener oder gesprochener Form.

Verdeckte oder **Duplex-Transaktionen**

Bei verdeckten oder Duplex-Transaktionen unterscheidet sich das, was gesagt wird von dem, was tatsächlich gemeint ist.

Verfahrensgerechtigkeit

Bei der Verfahrensgerechtigkeit geht es darum, ob das Verfahren, das zur Verteilung von Belohnungen führt, als gerecht empfunden wird.

Verhaltenstheorie der Führung oder **Führungsstilforschung**

Die Verhaltenstheorien der Führung basieren auf der Annahme, dass der Führungserfolg vom Führungsstil, vom Führungsverhalten der Führung abhängt. Situative Bedingungen wie Arbeitssituation oder Merkmale der Mitarbeiter werden nicht berücksichtigt.

Verteilungsgerechtigkeit

Die Verteilungsgerechtigkeit bezieht sich auf das Ergebnis einer Verteilung.

Zeitmanagement

Während das Selbstmanagement eher strategischen Charakter hat, handelt es sich beim Zeitmanagement um taktische, operative Maßnahmen. Ausgehend vom Selbstmanagement gilt es, die einzelnen Zeitblöcke sinnvoll zu nutzen.

Zielvorgabe und Zielvereinbarung

Bei der Zielvorgabe legt der Vorgesetzte die Ziele für den Mitarbeiter fest, ohne den Mitarbeiter bei der Bestimmung der Ziele zu beteiligen. Bei einer Zielvereinbarung besprechen Vorgesetzter und Mitarbeiter die Ziele und versuchen gemeinsam, die Ziele zu bestimmen.

Literaturverzeichnis

Albert, H. (1975): Traktat über kritische Vernunft. 3. erweiterte Aufl. Tübingen

Armstrong, M. (1993): How to be an even better manager. 3. Aufl. London

Baron, R. A./Greenberg, J. (1990): Behavior in Organizations: Understanding and Managing the Human Side of Work. 3. Aufl. Boston usw.

Bartscher-Finzer, S./Martin, A. (2003): Psychologischer Vertrag und Sozialisation. In: Martin, A. (Hrsg.): Organizational Behaviour – Verhalten in Organisationen. Stuttgart, S. 53 –76

Bass, B. M./Bass, R. (2008): The Bass Handbook of Leadership. Theory, Research, and Managerial Applications. 4. Aufl. New York usw.

Berkel, K. (1995): Konflikttraining. 4. Aufl. Heidelberg

Berne, E. (1984): Spiele der Erwachsenen. Psychologie der menschlichen Beziehungen. Reinbek bei Hamburg

Birkenbihl, V. F. (2005): Birkenbihl on Management. Irren ist menschlich – managen auch. Berlin

Bourne, L. E./Ekstrand, B. R. (2001): Einführung in die Psychologie (Titel der Originalausgabe: Ist Principles and Meanings). 3. Aufl. Eschborn bei Frankfurt am Main

Bruggemann, A./Groskurth, P./Ulich, E. (1975): Arbeitszufriedenheit. Bern

Buckingham, M./Coffmann, C. (2005): Erfolgreiche Führung gegen alle Regeln. Wie Sie wertvolle Mitarbeiter gewinnen, halten und fördern. (Titel der amerikanischen Originalausgabe: First Break all the Rules) 3. Aufl. Frankfurt

Chhokar,J.S./Brodtbeck, F.C./House, R.J. (Eds.) (2008): Culture and Leadership Across the World: The GLOBE Book of In-Depth Studies of 25 Societies. Mahwah, New Jersey und London

Covey, S. R./Merrill, A. R./Merril, R. R. (2000): Der Weg zum Wesentlichen: Zeitmanagement der vierten Generation (Titel der Originalausgabe: First Things First) Frankfurt/New York

Ekman, P./Friesen, W. V. (1975): Unmasking the Face. Prentice Hall – Englewood Cliffs/New Jersey

Elsik, W. (2003): Gruppendynamik. In: Martin, A. (Hrsg.): Organizational Behaviour – Verhalten in Organisationen. Stuttgart, S. 173–195

Fairhurst,G.T./Sarr, R.A. (1996): Durch Sprache führen: Du kannst Deinen Chef nicht ändern. Du kannst Deine Kollegen nicht ändern, aber Du kannst so sprechen, daß sie Dir folgen. (Titel der englischsprachigen Originalausgabe: The Art of Framing) Düsseldorf/München

Fehlau, G. E. (2002): Konflikte im Beruf: Erkennen, lösen, vorbeugen. 2. Aufl. Planegg bei München

Festinger, L. (1957): A Theory of Cognitive Dissonance. Stanford University Press

Franken, S. (2004): Verhaltensorientierte Führung. Individuen – Gruppen – Organisationen. Wiesbaden

Glasl, F. (1997): Konfliktmanagement. Ein Handbuch für Führungskräfte, Beraterinnen und Berater. 7. Aufl. Bern und Stuttgart

Goldfuss, J. W. (2000): Endlich Chef. Was nun? Was Sie in der neuen Position wissen müssen. Frankfurt – New York

Goleman, D. (1995): Emotional Intelligence. New York usw.

Goleman, D. (1999): Working with Emotional Intelligence. Bantam Export Edition. New York usw.

Goleman, D./Boyatzis, R./McKee, A. (2003): Emotionale Führung (Titel der amerikanischen Originalausgabe: Primal Leadership. Realizing the Power of Emotional Intelligence) ohne Ortsangabe

Greenberg, J./Baron, R. A. (2003): Behavior in Organizations. 8. Aufl. Upper Saddle River, New Jersey

Greenberg, J./Lind, A. (2000): The Persuit of Organizational Justice: From Conceptualization to Implication to Application. In: Cooper, C.L./Locke, E.A. (Eds.) (2000): Industrial and Organizational Psychology: Linking Theory with Practice. Malden, Mass. S. 72 –108

Hall, E. T. (1981): Beyond Culture. New York 2. Aufl.

Harris, T. A./Harris, A. B. (1998): Ich bin o.k. Du bist o.k. Einmal o.k. immer o.k. (Titel der Originalausgaben: "I'M OK – YOU'R OK: A PRACTICAL GUIDE TO TRANSACTIONAL ANALYSIS" sowie "STAYING OK") Sonderausgabe Reinbek bei Hamburg

Haug, C. V. (2003): Erfolgreich im Team. 3. Aufl. München

Heckhausen, H. (1980): Motivation und Handeln: Lehrbuch der Motivationspsychologie. Berlin

Hellriegel, D./Slocum, Jr., J. W./Woodman, R. W. (1989): Organizational Behavior. 5. Aufl. St. Paul und andere

Herzberg, F. (1974): Work and the Nature of Man. London/Granada

Hofstätter, P. R. (1968): Gruppendynamik. Kritik der Massenpsychologie. Reinbek bei Hamburg

Homans, G. C. (1960): Theorie der sozialen Gruppe. Köln/Opladen

House, R.J./Hanges, P.J./Javidan, M./Dorfman, P.W./Gupta, V. (Eds.) (2004): Culture, Leadership, and Organizations: The GLOBE Study of 62 Societies. Thousand Oaks, London/New Delhi

Hughes, R. L./Ginnett, R. C./Curphy, G. J. (1996): Leadership. Enhancing the Lessons of Experience. 2. Aufl. Chicago usw.

Indvik, J. (2004): Women and Leadership. In: Northouse, P. G.: Leadership, Theory and Practice. 3rd Edition. Thousand Oaks – London 2004, S. 270–273

Jäger, R. (2004): Kompetent führen in Zeiten des Wandels. Führungsinstrumente für die tägliche Praxis. Weinheim/Basel

Judge,T.A./Church, A.H. (2000): Job Satisfaction: Research and Practice. In: Cooper, C.L./ Locke, E. A. (Eds.) (2000): Industrial and Organizational Psychology: Linking Theory with Practice. Malden, Mass. S. 166-198

Kellner, H. (1999): Konflikte verstehen, verhindern, lösen: Konfliktmanagement für Führungskräfte. München/Wien

Kieser, A. (2009): Einarbeitung neuer Mitarbeiter. In: von Rosenstiel, L./Regnet, E./ Domsch, M.E. (2009): Führung von Mitarbeitern. Handbuch für erfolgreiches Personalmanagement. 6. überarbeitete Aufl. Stuttgart, S. 148–157

Klutmann, B. (2004): Führung: Theorie und Praxis. Hamburg
Kogler Hill, S. E. (2004): Team Leadership. In: Northhouse, P. G.: Leadership. Theory and Practice. 3. Aufl. Thousand Oaks und London, S. 203–234

Kogler Hill (2010): Team Leadership. In: Northouse, P.G.: Leadership. Theory and Practice. 5. Aufl. Los Angeles u.a.

Kotter, J./Heskett, J. (1993): Die ungeschriebenen Gesetze der Sieger, Erfolgfaktor Firmenkultur (Titel der Originalausgabe: Corporate Culture and Performance). Düsseldorf /Wien/New York/Moskau

Latham,G./Latham, S. (2000): Overlooking Theory and Research in Perfomance Appraisal at One´s Peril: Much Done, More to Do. In: Cooper, C.L./Locke, E.A. (Eds.) (2000): Industrial and Organizational Psychology: Linking Theory with Practice. Malden, Mass. S. 199–215

Laufer, H. (2005): 99 Tipps für den erfolgreichen Führungsalltag. Führungsbewusstsein, Führungsverhalten, Führungsmaßnahmen. Berlin

Leuzinger, A./Luterbacher, T. (2000): Mitarbeiterführung im Krankenhaus: Spital, Klinik und Heim. 3. unveränd. Aufl. Bern usw.

Lieber, B. (1995): Personalimage: Explorative Studien zum Image und zur Attraktivität von Unternehmen als Arbeitgeber. München/Mering

Lieber, B. (2008): Führungsgrundsätze und Zielvereinbarungen. In: Schneider, H.J./Klaus, H. (Hrsg.): Mensch und Arbeit. Handbuch für Studium und Praxis. 11. Aufl. Düsseldorf, S. 259–278

Linneweh, K./Hofmann L. M. (2003): Persönlichkeitsmanagement. In: von Rosenstiel, Lutz/ Regnet, Erika/Domsch, Michel (Hrsg.): Führung von Mitarbeitern. 5. überarbeitete Aufl. Stuttgart, S. 99–109

Luthans, F./Hodgetts, R. M./Rosenkrantz, S. A. (1988): Real Managers. Cambridge (Mass.)

Mahlmann, R. (2000): Konflikte managen: Psychologische Grundlagen, Modelle und Fallstudien. Weinheim und Basel

Martin, A. (2003a): Arbeitszufriedenheit. In: Martin, A. (Hrsg.) (2003): Organizational Behaviour – Verhalten in Organisationen. Stuttgart, S. 11–34

Martin, A. (2003b): Vertrauen. In: Martin, A. (Hrsg.) (2003): Organizational Behaviour – Verhalten in Organisationen. Stuttgart, S. 115–137

Martin, A. (Hrsg.) (2003): Organizational Behaviour – Verhalten in Organisationen. Stuttgart

Maslow, A. H. (1970): Motivation and Personality. 2. Aufl. New York

Matiaske, W./Weller, I. (2003): Extra – Rollenverhalten. In: Martin, A. (Hrsg.) (2003): Organizational Behaviour – Verhalten in Organisationen. Stuttgart, S. 11–34

Mayrhofer, W./Strunk, G./Meyer, M. (2003): Gruppenidentität. In: Martin, A. (Hrsg.) (2003): Organizational Behaviour – Verhalten in Organisationen. S. 197. Stuttgart

Mentzel, W./Gotzfeld, S./Dürr, C. (2001): Mitarbeitergespräche. Mitarbeiter motivieren, richtig beurteilen und effektiv einsetzen. Freiburg/Berlin/München 3. Aufl.

Mintzberg, H. (1973): The Nature of Managerial Work. New York

Mitchell, T.R./Thompson, K.R./George-Falvy, J. (2000): Goal Setting: Theory and Practice. In: Cooper, C.L./Locke, E.A. (Eds.) (2000): Industrial and Organizational Psychology: Linking Theory with Practice. Malden, Mass. S. 216–249

Motamedi, S. (1999): Konfliktmanagement: Vom Konfliktvermeider zum Konfliktmanager: Grundlagen – Techniken – Lösungswege. Offenbach

Mutatoff, A./Riekehof, R. (1999): Die sieben Seiten des perfekten Managers. Mit Kernkompetenzen richtig führen. Landsberg am Lech

Nerdinger, F. W. (2003).: Motivation von Mitarbeitern. Göttingen/Bern/Toronto/Seattle 2003

Neubauer, W./Rosemann, B. (2006): Führung, Macht und Vertrauen in Organisationen. Stuttgart

Neuberger, O. (1974): Theorien der Arbeitszufriedenheit. Stuttgart u.a.

Neuberger, O. (1990) : Führen und geführt werden. 3. völlig überarbeitete Auflage von „Führung“. Stuttgart

Neuberger, O. (1991): Miteinander arbeiten – miteinander reden! Vom Gespräch in unserer Arbeitswelt. München

Neuberger, O. (1993): Gruppenprozesse erkennen und gestalten. In: Besser führen. Problemfeld 5. München

Neuberger, O. (2002): Führen und führen lassen: Ansätze, Ergebnisse und Kritik der Führungsforschung. 6. völlig neu bearb. und erw. Auflage. Stuttgart

Nienhüser, W. (2003): Macht. In: Albert, M. (Hrsg.) (2003): Organizational Behaviour – Verhalten in Organisationen. Stuttgart, S. 139–172

Northouse, P. G. (2004): Leadership. Theory and Practice. 3rd Edition. Thousand Oaks – London

Northouse, P.G. (2010): Leadership. Theory and Practice. 5. Aufl. Los Angelos u.a.

Pfeffer, J. (1981): Power in Organizations. Cambridge (Mass.)

Regnet, E. (2003): Der Weg in die Zukunft – Anforderungen an die Führungskraft. In: von Rosenstiel, L./Regnet, E./Domsch, M. (Hrsg.) (2003): Führung von Mitarbeitern. 5. überarbeitete Aufl. Stuttgart, S. 51–66

Richter, M. (1999): Personalführung. Grundlagen und betriebliche Praxis. 4. Aufl. Stuttgart

Riekehof, R. (1999): Kapitel 7: Teams entwickeln. In: Mutafoff, A./Riekehof, R.: Die sieben Seiten des perfekten Managers. Mit Kernkompetenzen richtig führen. Landsberg am Lech S. 377–442

Robbins, S. P. (2001): Organisation der Unternehmung. (Titel der Originalausgabe: Organizational Behavior: Concepts, Controversies, Application, 9th Edition 2001). 9. Aufl. München

Rüttinger, B. (1993): Konflikte als Chance; Konfliktmanagement. In: Besser führen. Problemfeld 2. München

Schein, E. H. (1985): Organizational culture and Leadership – A Dynamic View. San Francisco

Schulz von Thun, F./Ruppel, J./Stratmann, R. (2005): Miteinander reden: Kommunikationspsychologie für Führungskräfte. 4. Aufl. Reinbek bei Hamburg

Sprenger, R. K. (1995): Das Prinzip Selbstverantwortung. Wege zur Motivation. Frankfurt/New York

Stübinger, M./Lieber, B./Reiners-Kröncke, W. (2002): Sozialmanagement 4: Personalmanagement. Köln/Wien

Tannen, D. (1991): Du kannst mich einfach nicht verstehen. Warum Männer und Frauen aneinander vorbeireden. Hamburg (Ernst Kabel Verlag)

von Rosenstiel, L. (2003): Entwicklung und Training von Führungskräften. In: von Rosenstiel, L./Regnet, E./Domsch, M. (Hrsg.) (2003): Führung von Mitarbeitern. 5. überarbeitete Aufl. Stuttgart, S.67–83

von Rosenstiel, L. (2009): Grundlagen der Führung. In: von Rosenstiel, L./Regnet, E./ Domsch, M. (Hrsg.) (2009): Führung von Mitarbeitern. ü. überarbeitete Aufl. Stuttgart, S.3–27

Urban, F. Y. (2007): Emotionen und Führung. Theoretische Grundlagen, empirische Befunde und praktische Konsequenzen. WiesbadenVroom, V. H. (1964): Work and Motivation. New York/London/Sydney

Walter, H. (1998): Handbuch Führung. Der Werkzeugkasten für Vorgesetzte. Symptome – Ursachen – Problemlösungen. Frankfurt/NewYork

Watzlawick, P./Beavin, J. H./Jackson, D. D. (2000): Menschliche Kommunikation. Formen, Störungen, Paradoxien. 10. Aufl. Bern

Wegge, J. (2004): Führung von Arbeitsgruppen. Göttingen-Bern-Toronto-Seattle

Weibler, J. (2003): Führung der Mitarbeiter durch den nächsthöheren Vorgesetzten. In: von Rosenstiel, L./Regnet, E./Domsch, M. (Hrsg.) (2003): Führung von Mitarbeitern. 5. überarbeitete Aufl. Stuttgart, S. 315–328

Weidlich, E. S. (2000): So managen Sie Ihren Chef. Geschickte Planung, Diplomatie, Erfolgreiche Strategien. Niedernhausen/ Taunus

Weiner, B. (1976): Theorien der Motivation (Titel der Originalausgabe: Theories of Motivations: from Mechanism to Cognition). Stuttgart

Weinert, A. B. (2004): Arbeits- und Organisationspsychologie. 5. vollständig überarbeitete Auflage. Weinheim und Basel

Wunderer, R. (2003): Führung des Chefs. In: von Rosenstiel, L./ Regnet, E./Domsch, M. (Hrsg.) (2003): Führung von Mitarbeitern. 5. Aufl. Stuttgart, S. 293–314

Yukl, G. (2010): Leadership in Organizations. Upper Sadl River usw.

Stichwortverzeichnis